U0025211

天下文化
BELIEVE IN READING

人生就是賽局

透視人性、預測行為的科學

費雪 Len Fisher 著

林俊宏 譯

Rock,
Paper,
Scissors
Game Theory in Everyday Life

目錄
contents

引言

最近有位朋友告訴我，有群科學家發表一篇報告，研究辦公室茶水間的茶匙是怎麼不見的。他得意洋洋的大聲宣告：「一切都是賽局理論！」我大大感謝了他一番，然後將這個例子也加進我已然蒐集成堆的例子之中。

賽局理論無所不在。雖然名稱用了「賽局」兩字，但其實講的並不是比賽，而是我們每日與人互動的策略。自從我宣布要寫關於賽局理論的書之後，就接到許多朋友的來信，分享報紙上看到的例子和他們的個人經驗。我想看看，賽局理論提出的新觀點是否能讓我們發展出新的合作策略，再親自應用在日常生活的各種情境中，不管是正經八百的英式晚宴，還是棒球賽、擁擠的人行道、大賣場、人滿為患的印度街道上，甚至是澳洲荒野間的酒吧裡。

賽局理論可以告訴我們，在家庭失和、鄰居口角、勞資糾紛、名人離婚案例中，究竟為什麼有這麼多衝突、毀約、背信以及欺騙；賽局理論也可以告訴我們，面對各種競爭和衝突，最佳的因應策略為何。正因此，自從1940年代晚期賽局理論誕生以來，大型企業和軍方莫不深感興趣；商人能據以贏過對手，西方世界的軍事思維也因為賽局理論的加持，進展到嚇人的程度。賽局理論專家常常能同時涉足商業和軍事領域。隨便

舉個例子：五位贏得諾貝爾經濟學獎的賽局理論家，都曾經在生涯某個階段獲聘為美國國防部的顧問。

但賽局理論也還有另外一面，探討的不是衝突、而是合作，不是競爭、而是互助。生物學家利用賽局理論，來了解「適者生存」的自然界要如何演化出合作關係，而社會學家、心理學家、政治學家，則用賽局理論來了解合作時面臨的問題，畢竟現在面對全球暖化、資源耗竭、環境汙染、恐怖主義、戰爭等議題，若要解決這些難題，人類勢必比以往更需要合作。我想了解賽局理論是否能應用在日常情境，以及是否能延伸其中的經驗去解決更大的問題。我想，至少能找到一點線索，看看在解決問題上，我們每個人有什麼努力的空間。

賽局理論家發現，所有相關問題其實有一個神祕的共通之處：一個隱藏的合作障礙，如果我們不盡快想辦法解決，就可能造成重大損害。這個障礙正是一個進退兩難的邏輯陷阱，不論是在家庭爭執、鄰居不和、日常社交，或是現在面對的全球議題，都存有這個陷阱，而且常常不為人知。甚至連辦公室茶水間裡的公用茶匙為什麼不翼而飛，其實起因也在於此。

研究這個茶匙問題的澳洲學者，想出了一堆天花亂墜的解釋，而且看來樂在其中（在其他時候，他們可是一群頭腦極為正常、聲譽卓著的流行病學家）。他們提出的其中一種說法是，茶匙都逃回了外星球，那個星球上住的是一群長得像茶匙的生物，而且都過著幸福快樂的日子，不用一直被頭下腳上泡

到熱茶或咖啡裡。

他們提出的另一種解釋，可以用一個詞彙來代表，叫「非生物敵意論」（resistentialism），認為非生物都對人類存有敵意，會不斷以各種方式來搗亂。像是茶匙，就會在人類最需要它們的時候躲起來，而洗衣機裡的落單襪子也是在玩這種把戲。

這群澳洲學者當然也作了比較認真嚴肅一點的解釋，就是「公共財的悲劇」；生態學家哈定（Garrett Hardin）在1968年的文章中，提出了這個情境，但早從亞里斯多德的時代，哲學家就已經在煩惱這個問題了。

哈定用一則寓言來闡述「公共財的悲劇」：有一群牧人，每個人都將自己的牲口趕到公有牧地上吃草。有一天，其中一個牧人想要再多養一隻，好增加一點收入，而且不過多一隻，對整片土地上的牧草只會增加一點點負擔，因此多養一隻似乎十分合理。但等到所有牧人都這麼想，悲劇就出現了，每個人都多養了牲口，牧草不夠吃，很快牲口便全部餓死了。

這群科學家將同樣的論法套用到茶匙的問題：「用茶匙的人認為（不論是否有意），如果拿走一隻茶匙，對自己的效用（utility，也就是對自己的利益）就能增加，而且其他人的利益平均下來也只會損失一點點（『畢竟還剩下很多茶匙啊……』）。而隨著愈來愈多人都這麼想，茶匙這項公共物品也就岌岌可危了。」

雖然用茶匙來舉例有點好笑，但如果把茶匙換成土地、石

油、漁獲、森林，或是任何其他的公共資源，就能清楚看出，許多現在十分嚴重的全球問題，其實都起源於這種邏輯的惡性循環，得利的是某一個人或某群人，成本卻要由全體一同負擔。

如果我們之間有人為了共同的利益而願意合作，但又有某些人為了私利而破壞合作（在賽局理論裡，稱為「背叛」或是「作弊」），就可以看到「公共財的悲劇」所造成的毀滅性結果。私利的維持無法長久，等到每個人都開始這麼想，就會使得合作破局，每況愈下。人人都想自私自利，最後反而人人都是輸家。

這種棘手的邏輯矛盾，曾經造成加拿大紐芬蘭省鱈魚漁業無以為繼，曾經導致蘇丹內戰傷亡慘重，也曾促使中國大規模興建火力發電廠，也讓許多美國人選擇開著耗油驚人的大車。這種矛盾同時也造成網路垃圾郵件橫行、夜間竊盜頻傳、民眾插隊不斷，以及路上車禍連連；這可能是復活節島上的樹木被砍伐殆盡的原因；也必然是因為這種邏輯，才會讓民眾在無人的地方亂倒垃圾而不好好處理，申請保險理賠時總是誇大其詞，報稅時又總有某些收入「一時忘記」。而這也正是為何政府拒絕簽署像是「京都議定書」這種國際協議。最重要的，這是一種會逐漸惡化的邏輯。正如著名的1970年代抗爭歌曲所寫的：

Everybody's crying peace on earth,
Just as soon as we win this war.
（我們都愛好和平，只要贏了這場戰爭就好。）

如果雙方都用這種邏輯，世界也就永無寧日。

如果我們願意改變自己的行為，更有道德，更為他人著想，愛鄰（至少）如己，就能避免「公共財的悲劇」。可惜這只是做夢，雖然偶爾做做這種夢也不賴，但畢竟我們都不是泰瑞莎修女，最好還是快快認清事實：我們總得有點好處，才會願意合作。不僅個人如此，國家亦然；2006年深具影響力的「史登報告」（Stern Review）就已指出，各國一定要先看到在短期內就能直接獲得的經濟利益，才會願意合作解決問題。

對於這種態度，賽局理論不會下道德判斷，而是接受事實，承認自私其實是我們的主要動機之一；賽局理論評定各種不同策略，也是以是否符合自身利益為出發點。合作策略的矛盾在於，合作是為了將整體的餅做大，但每個參與者又希望自己分到的餅大一些，最後就會為貪婪所困，一如卡在網裡的龍蝦。

批評貪婪其實無濟於事，但如果人人（和各國）都只要拿到公平的一份就滿足，也不啻為好事一樁。實際上，更重要的是要先認識這個邏輯陷阱，才可能加以避免或脫困，進而達成合作。

早在不可考的年代，這個陷阱便已存在，例子可見於聖經、古蘭經、許多古代典籍、史書、小說及歌劇情節，還有許多現代故事當中。然而，要到1940年代晚期，數學家納許（John Nash，也就是電影「美麗境界」當中患有精神分裂症的主角，1994年獲諾貝爾經濟學獎）利用賽局理論剖析這個陷阱

的內部運作，我們才認清了它的本質。

這些內部運作正是本書的重點，它們會造成許多**社會困境**，賽局理論家給了這些困境一些耐人尋味的命名。其一就是「公共財的悲劇」，另外還有著名的「囚犯困境」，可用美國的認罪協商制度來說明（請見第1章）；其他還包括：「膽小鬼賽局」（古巴飛彈危機時，美國總統甘迺迪和蘇聯總理赫魯雪夫因此差點造成世界毀滅）、「自願者困境」（阿根廷火地島當地所講的亞根語中，有一個字可以表達這種兩難的困境，叫做 mamihlapinatapai，意思是「雙方互望，希望對方去做一件彼此都希望能完成、但又不想自己做的事」），以及「兩性戰爭」（比方說夫妻情侶想一起出門，但男生想去看球賽，女生想聽歌劇）。

在這些情境中，只要雙方合作就能得到最佳的結果，但納許陷阱（現在稱為**納許均衡**）卻使我們隨著自利的邏輯而陷入困境，其中至少有一方的情況可能會變得不利，但如果要逃離這個困境，情況反而還會更糟（由此可見這的確是個有效的陷阱）。如果我們想知道如何合作得更有效，就必須想辦法避開陷阱或從中逃離。賽局理論已經點出了這個問題，但又是否能夠提供解決問題的線索？答案是肯定的。

有些線索在於研究合作發展的本質，有些則有賴仔細檢視那些我們傳統上用以贏得並維持合作的策略。一些大有可為的合作策略包括「我切你選」、新的合作協商方式（甚至很漂亮

的用上了量子力學）、刻意限制自己作弊或背叛的可能選項，以及改變獎勵結構，除去破壞合作的誘因。

有些最重要的線索來自於電腦模擬，是將不同的策略兩兩比較，看看何者能夠勝出、何者又遭淘汰。初步的結果可見於艾克索羅德（Robert Axelrod）1984年出版的著作《合作的演化》。生物學家道金斯（Richard Dawkins）後來為該書寫了序言：「我們應該先把世界上的領導人都關起來，讀完這本書才准放出來。」從過去二十年的歷史看來，恐怕世界上沒有幾位領袖，曾經用這種新穎又積極的方式來看待合作問題。

關鍵點在於「一報還一報」的策略（還有後續的類似做法），這種策略可能會造成衝突擴大，但也可能帶出「你幫我抓背、我也幫你抓一抓」的合作，這在自然界和人類社會中都可見到。究竟是衝突或是合作，十分難以斷言，只要情勢些許改變，結果就可能全然改觀，就像是經濟大繁榮之後接著大蕭條，動物族群擴張之後又會萎縮。數學家將這個關鍵點稱為分歧點（bifurcation point），在這個點上所選擇的路，會造成最後的結果完全不同。合作的問題，常常是要找出策略，讓選擇道路的時候走向合作的那一端，而不要走向衝突的一端。

近年的研究已經提出一些大有希望的做法，或許可以達到這個目標。雖然賽局理論並非萬靈丹（講成這樣就太誇張了），但的確能夠從新的觀點來看合作的演進方式，並提出新的策略，或為老策略加些新風貌。

在本書中，各位可以看看我如何試著了解這些策略，並應用到日常生活中。我的目標是找出全套的合作策略，就像我在當科學家的日子裡，曾經慢慢建起全套的科學問題處理方法那般。科學家的生活雖然有趣，但進行關於合作的實驗卻更有意思。結果有時引人發笑，有時讓人警惕，但總能讓人再更了解一點，看看是什麼促成人類合作，而且繼續合作。

最後應該強調，我並非專業的賽局理論家，只是一個關心此事的人、一個關心此事的科學家，想試著解答一些最迫切的社會問題。賽局理論可以從許多人不熟悉的新角度來切入問題，而我想看看這些解答與真實的生活能多麼相關。希望你也能與我一塊兒享受這段過程。

本書架構

本書第1章介紹納許均衡的基本概念，看看這如何導致著名的「囚犯困境」。囚犯困境會造成許多世上最嚴重的問題，包括「公共財的悲劇」。接著第2章介紹如何利用「我切你選」等等策略，公平分配資源。這兩章的結論是：如果希望合作能夠長久，就不能只依賴外來的權威或自己對「公平」的認知，而要想想如何利用我們的自身利益，讓合作達成自我規範、自動運作。

第3章是一大重點，我以賽局理論來檢視究竟社會困境由

何而生。接下來的幾章則討論合作策略，其中有童年「剪刀、石頭、布」遊戲的變形、新的合作協商方法、促成信任的方式、還有「一報還一報」的策略運用。我會解釋自然界中如何產生這些策略，並研究人類社會如何運用這些策略來促進合作，而非引發對立。接著我還會探究怎麼去改變賽局本身，以避免社會困境，方法可能是引入新的參與者，或甚至可以神奇的用上量子力學來解決。

本書最後則是回顧所談過的合作策略，並提出在各種狀況下、我個人認為前十大最有效的策略。如果各位想看看結果如何，不妨先看看這一章。

本書一如我之前的著作，書末附有大量的附注，包括軼聞、參考文獻，以及延伸討論一些前面章節中不適合涵蓋的內容。這些附注可以說是獨立的章節，不看正文而單看附注也頂有意思。有些讀過我先前幾本書的讀者，甚至寫信告訴我，他們是從這個部分開始讀的！

附帶說明

隨著研究逐漸開展，我發現一件令人很困擾的事：幾乎每一段都可以發展成一篇論文，甚至是一本專書。但為了不讓這本書厚得像大英百科全書，許多複雜的討論都予以簡化或省略。如果本書能激起各位的興趣而希望深入研究，可去找任何

一本關於賽局理論的教科書來看。其中主要的幾點是：

- **納許陷阱**：賽局理論專家可能不會太欣賞我介紹納許均衡的方式，因為這似乎會讓人誤以為納許均衡一定會導致不好的下場。但因為本書要講的正是各種不好的下場，以及如何擺脫這些下場，所以我並未改變介紹方式。然而要請各位了解的是，其實納許陷阱還可分為三種：輕度、中度、重度。輕度陷阱雖然也會逼我們選定某些策略，但其實和我們為了達到共同利益而自願採取的策略並無不同。本書只在第5章、第6章略有提及輕度陷阱，其他時候仍舊是以中度及重度陷阱為重點。

- **N人情境**：合作可以發生在兩人或兩個群體間，或是多人或多個群體間。本書的範例多為前者，只偶爾提到較為複雜的案例。

- **完整資訊和不完整資訊**：賽局理論學家會區分資訊是否完整。雖然我也會區分，但並未明言。有時候我們對他人過去的行為知之甚詳，但也有時候只能憑手上的資訊作最佳的猜測。通常，只要看上下文，就能知道我書中的例子屬於前者或是後者。

• **同步決策或逐序決策**：我們作決策的時候，有時完全不知道另一方所採取的策略，這也就是賽局理論家所稱的「同步」決策；有時候，我們可以等另一方下了決定並採取行動，掌握這些資訊後再作決策，這就稱為「逐序」決策。同樣的，只要從上下文判斷，就能知道書中的例子屬於何者。

• **理性**：不論是否為賽局理論家，都常討論「理性」究竟為何。那些導致「公共財的悲劇」和其他社會困境的邏輯，可能並非真正的「理性」。而且有時候，似乎我們能做的最理性判斷，竟然就是不理性！相關的例子，在本書中會一一提及。

連恩‧費雪（LEN FISHER）

於英國雅芳河畔布拉福德鎮（Bradford-on-Avon）

以及澳洲布萊克希斯鎮（Blackheath）

2008年5月

第 1 章
坐困愁城

生活中，處處充滿著納許所發現的隱藏邏輯陷阱，將我們引入各種社會困境（social dilemma）。「社會困境」這個聽來乏味的詞，是由賽局理論的學者所創，講的就是像「公共財的悲劇」這種情形，雖然大家都知道團結力量大，但又都擋不住自私的慾望，總想在合作的時候動點小手腳占點便宜。而等到每個人都動了點手腳，最後共同的下場就可能淒慘無比，就像普契尼（Puccini）歌劇《托絲卡》裡的主角一樣，陷進了今日賽局理論學者所謂的「囚犯困境」。

劇中的女主角托絲卡（Tosca），碰上一個令她無比苦惱的問題：男朋友卡拉瓦杜西（Cavaradossi）被邪惡的警察總督史卡畢亞（Scarpia）定成死罪。現在她和史卡畢亞獨處一室，史卡畢亞表示，他可以大發慈悲，叫手下在行刑的時候改用空包彈，放過卡拉瓦杜西一條小命，但條件是她得提供些「特別的服務」。托絲卡該怎麼辦？

她瞄到桌上放著一把刀，想到了兩全其美的辦法：先答應史卡畢亞的要求，但等他吩咐完手下後，一靠過來就把他刺死！但不幸的是，史卡畢亞也想好了他兩全其美的辦法：托絲卡答應了之後，他並不真的叫行刑隊改用空包彈！結局就是史卡畢亞被托絲卡一刀解決，卡拉瓦杜西被一槍斃命，等托絲卡發現這樣的結局，也從城堡上一躍而下，結束了自己的生命。如同其他歌劇中常見的情節，最後人人都是輸家。

　　在現實生活中碰上了賽局理論學者所謂的「囚犯困境」，常常也都是人人皆輸的局面。1950年代早期，普林斯頓大學的數學教授塔克（Albert Tucker）就用了這麼一個故事，向一群心理學者解釋這個問題。

　　這個故事的版本眾說紛紜，其中一個版本是講警察逮捕了兩個小偷（姑且借用「水門案」的兩名共犯名字，稱他們為伯納德和法蘭克），但檢察官手上的證據只能證明他們非法持有及藏匿槍械，求處兩年徒刑，而無法證明他們結夥搶劫，求處十年的重刑。這種情況下，如果兩人都辯稱無罪，就只能各判兩年徒刑，但檢察官想出一個妙法，讓他們俯首認罪。

　　檢察官先到伯納德的羈押房，表示如果法蘭克認罪、而他不認罪，法蘭克能得到減刑，只判個四年，但他會被判最高刑期十年。這樣一來，如果他相信法蘭克會認罪，自己最好也認罪，判個四年總比十年來得好。檢察官又說：「但我可以開個條件，如果你認罪，而法蘭克不認罪，你就可以因為這個不利於共犯的證詞無罪釋放！」

這樣看來，不論法蘭克做何決定，似乎認罪都是伯納德最好的選擇，這邏輯看來可真是完美無比，顛撲不破。但問題就在於，檢察官後來也去拜訪法蘭克，提出一樣的建議，而法蘭克也得到一樣的結論。最後兩人都認罪，也都被判四年徒刑，而相較之下，如果兩人死不認罪，其實都只會被判兩年。

如果你覺得，這個故事怎麼這麼像美國的認罪協商制度，還真是一點都沒錯！也正因為如此，有許多國家根本就認為認罪協商並不合法。故事所點出的這種邏輯矛盾，在我們生活中也影響深遠，從結婚到戰爭無所不在，甚至還成為社會學上的基本問題，因為雖然我們總試著要團結合作、過和諧的生活，但又會被這種邏輯矛盾給影響，而大起內鬨。

像是弟弟和我就深受其害。我們偷吃媽媽做的蛋糕，大快朵頤了一番。原本神不知鬼不覺，只要我們保密，把錯都推給我家小狗就成了。但我想，出賣弟弟讓他頂罪應該比較安全，偏偏他也這麼想，這下兩個人都被禁足，肚子漲得難受、屁股還疼得要命。

後來我們都快二十歲，卻又被「囚犯困境」這可惡的邏輯矛盾擺了一道。我們喜歡上同一個女生，她全家才剛搬來附近，和我們還上同一個教堂。這個美女讓附近的少男都眼睛一亮，追求者遠遠不只我們兩個。弟弟和我急著出賣對方丟人的小祕密，好在她心中搶得一席之地，卻是落得兩敗俱傷，只能看著她沒多久就和別的男生出門約會去了。

囚犯困境其實無所不在。另一個清楚的例子，就是英國在

2002、2003年間爆發口蹄疫之後，許多乳牛遭撲殺，而超市業者趁機聯合哄抬乳品價格。

當時四大連鎖超市調漲了鮮乳、奶油和起司的價錢，表示他們要付給酪農更高的價錢，以免酪農活不下去。但其實根本不是這麼回事，至少其中兩家只是把價差拿來中飽私囊。公平交易委員會調查後，指控這兩間超市勾結牟利，他們也認了罪，但在認罪後，又把另外兩家原本否認聯合操縱價格的超市給供了出來。如果另外兩家最後被定罪，罰款金額將頗為可觀，相較之下，認罪的兩家靠著出賣他人，付的罰款就低多了。

還有另一個例子是關於死海古卷，這些古本出土於死海西北岸的昆蘭（Qumran）。首批古卷是一群當地的貝都因（Bedouin）牧羊人在洞穴遺跡中發現的，而且考古學者願意出高價向他們買，從此之後牧羊人開始積極尋找古卷，又找到一些殘破的片段。但他們也發現，哪怕只是一小片，考古學者還是願意付錢買，於是牧羊人開始把找到的古卷撕成一片一片，再一片一片拿去賣錢！

考古學者如果只對大片完整的古卷付出高價，就能避免這種情形，否則，牧羊人當然會想把古卷撕成小片。他們兩方都陷入了囚犯困境，而犧牲的則是聖經研究及文化。

囚犯困境點出了一個邏輯上的難題，這個難題也正是世界上許多重大問題的核心。例如1950年代開始的軍備競賽，對所有人都有利的方式，就是一起合作限武，把錢省下來發展各種

建設；然而，如果其他國家都還在不斷發展核武，而你的國家單方面裁撤軍備，恐怕並非明智之舉。

近來在對抗全球暖化的努力，也受限於同樣的邏輯矛盾，許多國家都心想，如果其他國家的汙染也沒改善，我又為什麼要自己先限制碳排放量呢？

長期而言，自然科學無法解決這種問題，頂多只能帶來短期的效益。真正的改進之道，在於要更了解我們自己。正因如此，我從科學研究中撥出一些時間來研究哲學，希望能找到一些解答。但到頭來又回到了科學：我很快就發現，在倫理學的領域中，講的是要遵守原則，好創造一個穩定而公正的社會，但歷史上不斷出現的問題，正是囚犯困境和其他種種社會困境，而困境的根源正在於邏輯和數學。我自己是很喜歡一頭栽進數學和形式邏輯，但還好，如果一般人只是想知道這些問題究竟從何而來、又有何影響，倒是犯不著涉足這兩個領域。

對於社會困境的了解，在1949年有了相當大的突破：納許發現，其實各種困境都來自於同樣的基本邏輯陷阱。現在大家講到納許，想到的多半是電影「美麗境界」那位不太正常的主角，但其實電影幾乎主要只著墨於他的精神疾病，對於他榮獲諾貝爾獎的發現卻是輕描淡寫，也沒說明這項重大的發現如何讓我們更了解關於合作的問題，以及如何解決這些問題。

納許年僅二十一歲時就提出了這項重大發現，當時他尚未罹患糾纏他大半輩子的精神分裂症。某次訪談中，他甚至還能拿自己的精神疾病開玩笑，他說：「整體而言，數學家的精神

還算正常的，是學邏輯的人腦袋才有問題。」他在1948年到普林斯頓大學攻讀數學碩士學位，申請時的教授推薦函言簡意賅，只有一句：「這個人是天才。」

短短十八個月內，他也證明了自己是個天才，先是用當時剛發展出的賽局理論，發現這個邏輯陷阱，也就是現在所稱的「納許均衡」（Nash equilibrium），接著又證明了他驚人的論點（命題）：在任何的競爭或衝突中，如果各方不願或無法溝通，就至少會有一個納許均衡的陷阱，等著請君入甕。

納許均衡背後的概念，看來似乎相當簡單（參見方塊1.1），在納許均衡的情形下，雙方均已選定一種策略，如果任一方獨自改變策略，就會使情形惡化。就像在狹窄的通道上，兩個人必須各靠一邊，才能勉強錯身而過，而這就是納許均衡；因為如果任何一個人改變心意閃向另一邊，兩個人就會迎面相遇，然後就像是默契太好跳起了雙人舞，一起向左、向右踏，卻怎樣都過不去，這種經驗相信大多數人都有過。

納許將這種狀態稱為「均衡」，是因為這是社會情境中的一個平衡點，其中任何一方獨自偏離了這個平衡點，只會造成損失。在這裡，「獨自」是個關鍵詞，只要我們獨自行事，各自追求自身利益，就永遠逃不出納許均衡所設下的種種社會困境。

舉例而言，如果兩人在狹窄的人行道上碰面，各自又都不想走靠水溝的那一邊，以免駛過的車把水濺到身上，這種情形下，必須要有一人退讓，否則他們就只能僵在那裡動彈不得。

納許均衡與囚犯困境

　　賽局理論家會這樣描述納許均衡:「雙方已選定策略,在另一方不動的情形下,任一方改變策略並無法得到好處。此時的策略搭配和後續結果,就構成納許均衡。」賽局理論家使用簡明的圖表來表達不同的選項和結果,就像是建築師的藍圖,以確保一切在掌握之中;他們把各種可能性畫成一張矩陣圖,來代表局中人受困的處境,就像1999年的科幻電影「駭客任務」裡所演的一樣。這種圖示方式的設計者是美國籍的匈牙利數學天才馮諾伊曼(John von Neumann),他也正是賽局理論的發明者。

　　以下是伯納德和法蘭克的囚犯困境,這兩個矩陣圖顯示了各種選項會造成的刑期:

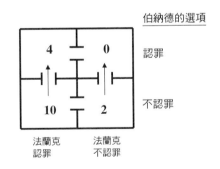

伯納德的選項

4	**0**	認罪
10	**2**	不認罪

法蘭克　　法蘭克
認罪　　　不認罪

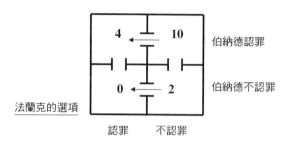

法蘭克的選項

在每個格子之間，有小小的通道，箭頭方向代表兩人可以縮短刑期的選項。從圖表可以清楚看出，不論另一方選擇為何，任一方合邏輯的選擇只有認罪一途。賽局理論家會說認罪是優勢策略（dominant strategy），能在不論另一方怎麼選擇的情形下，得到最佳結果。

賽局理論家將以上兩個圖表合而為一，所包含的資訊完全相同，但如果沒有解釋，可能無法第一眼就看懂：

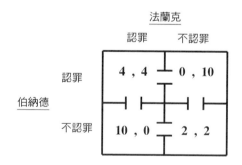

這種圖表能清楚看出結果的配對，格子中的數字，左邊是伯納德，右邊是法蘭克。舉例來說，你可以看出不會有（0，0）這種選

項，任何一個囚犯想免於牢獄之災，唯一的可能就是另一人被判十年；換言之，只會有（0，10）或（10，0）的搭配。

如果我們在各個格子中加上小通道，伯納德只能上下移動、法蘭克只能左右移動（和先前的圖表相同），並且也加上小箭頭，就可以看出究竟他們的難處為何。他們如果能採用合作策略（兩人都不認罪），會形成（2，2）的選項，但只要其中有一人動了自私的念頭，連鎖反應就會無情的將他們帶到（4，4）這一格，而且再也無法逃脫！（請注意這一格沒有向外的箭頭。）現在我加了表情圖案，來代表他們對各種境況的心情：

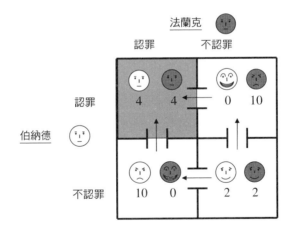

其中，（4，4）這一格就是納許均衡（在此處和後續的圖中，就用灰色網底表示），任一方想獨自逃脫，只會讓自己問題更大。例如，如果伯納德選擇不認罪，反而會判到十年、而不是四年，法蘭克的情形也相同。兩人必須合作、協調，「同時」不認罪，才能到達（2，2）的選項。

要解決這種處境，祕訣在於雙方要設法協調行動，而且不能有一方改變心意。我有個朋友看過一個有趣的例子，當時他正在義大利的山路上開車。有一段道路縮減只剩一線道，雙向來車必須有默契才能輪流通行，但碰上兩位互不相讓的駕駛，就這麼卡在狹窄的路中，彼此大按喇叭，要對方後退。兩個人堅不退讓，後方很快形成長長的車龍，喇叭聲此起彼落，怒火交雜。後來，警察花了三天才疏解了這場塞車問題。

各位可能會想：「他們這麼自私，真是活該！」但雖說如此，真正的癥結其實在於雙方都「獨自」思考，希望對自己最有利。我們常常都是如此，而且也就因此而困在納許陷阱之中，既像是托絲卡和史卡畢亞、也像法蘭克和伯納德。讓納許榮獲諾貝爾獎的論文，可能是有史以來最短的一篇，在論文中他同時使用了符號邏輯和高等數學，證明在不合作的情境中，納許陷阱無所不在！（所謂的「不合作」情境，就是雙方不願或無法互相溝通。）

在納許發表這篇論文之前，要討論為何合作失敗、無法共謀利益，通常都是從個人的心理學、道德觀角度切入。雖然這兩者也的確很重要，但納許指出，這些問題的核心都深埋著一個邏輯問題，而且這常常才是主因。這個邏輯問題用我們的自身利益作餌，不斷讓我們放棄最適當的合作策略，而陷入遠較不利的情境中。

看看報紙或八卦雜誌，就能看到納許所說的這種邏輯。夫

妻大鬧離婚，通常只要雙方妥協，就能好好收場，但如果一方拒絕妥協，另一方的退讓也就毫無意義。結果雙方坐困納許陷阱，不僅得付給律師大筆金錢，過程中還必須承受情緒上的壓力。

在此必須強調，雙方之所以困在這個矛盾的邏輯循環中，是因為他們不願或不能透過溝通來採取合作的策略。但這其實有解決的辦法：只要雙方肯溝通協調，就有可能逃出這個陷阱。

不幸的是，這件事說來輕鬆，做來困難。常常雙方同意要溝通協調，達成協議後卻又有一方反悔。問題在於：如果合作達成的解決方案（協議）並非納許均衡，其中一方改變心意，就的確可能得到更好的結果。一般而言這是個重大問題，而要達成合作，則有兩項重大挑戰：第一是找到方式達成協議，第二是找到方式讓人不改變心意。後者必須完善到足以令雙方相信對方會遵守，而且還能維持到結果正式出爐。

這本書就是要告訴各位，我如何尋找以上兩項挑戰的答案，有個人層面，也有人類共同重大議題的層面。我發現主要的解決方式有三種，各有來自不同族群、不同文化的擁護者：

改變我們的態度：例如，如果我們都認為在合作中作弊是不道德的，就能避免許多社會困境。

訴諸善意的權威人士：由外部的權威人士來促成合作並維護公平。

能夠自動運作的策略：開發出能夠自動運作的策略，如此一來，只要合作一開始，就不會有作弊的動機。

以下會一一檢視這三種解決方式，而且我認為，只有第三種可長可久，而賽局理論的新觀點，可以協助我們在許多情況中運用這種策略。

改變我們的態度

哲學家和精神領袖早已點出，貪婪、自私、害怕跟自己不同的人、不了解不同的文化和信仰，都會阻礙合作。我曾和一位英國國教（聖公會）的主教討論未來合作的問題，而且神奇的是地點在英國的鄉間酒吧。我提出的問題就是：人的態度究竟能不能改變？

當時正值地方慶典，我們旁邊圍著一群醉醺醺的酒客，等著瞧瞧科學和宗教大戰的好戲。但他們想必是失望了，因為我同意那位主教的看法，認為基督教倫理確實有助於解決合作的問題。我說：「沒人能反駁這些原則，只要人人（或者只要足夠多的人）都遵守，就一定能成功。而且，達賴喇嘛的那一

套：慈悲、對話、人類價值的『世俗倫理』，也一樣行得通。但問題在於，如果人就是不接受這些關懷的原則和態度，又該如何？」

主教的回答是，人一定要接受這些原則和態度，才可能有平和與合作的未來。我說，我尊重他的答案，但至少還有另外兩種方式也行得通（這時觀眾都豎起了耳朵），一種來自歷史，一種來自科學。歷史上的解答是訴諸強權、威勢，以及分而治之的策略，建立起相對穩定的社會，並且能夠長久維持，只是這種做法會犧牲個人的自由。至於賽局理論提出的科學解答，則是至少某些時候能有成功的合作策略，而且犯不著使用上面的種種做法。

我又繼續說道：「另外還有一個答案，就是我們也可以輕鬆等著演化來解決這個問題。像是螞蟻、蜜蜂、黃蜂的基因都設定了讓牠們能夠合作，只是損失了一些個別性。或許人類最後也會演化出合作的基因，問題就解決了。」

主教露出了大大的微笑，看得出來他知道我只是說笑而已。我們兩人都知道，不可能就只是輕鬆等著自然界來解決人類合作的問題，畢竟大自然的解決方式常常有些極端，像是造成重大改變、甚至集體滅絕之類。然而，演化（或說是神聖的力量，看你是從什麼觀點出發）已經讓人類有了思考的能力，我們是否能用思考來解決這個難關？

訴諸善意的權威人士

至少從柏拉圖的時代，哲學家就已經提出一個解決合作問題的方法，那就是訴諸善意的外部權威人士，確保一切公平公正。柏拉圖自己的答案可能是裡面最不實際的：由一群哲學家皇帝來管理一切（至於這群人的訓練者，當然就是像柏拉圖本人一樣的哲學家）。我在研究這項議題的過程中也碰過一些哲學家，而就我個人的判斷，想搞成無政府狀態，這倒是最快的辦法。

根據柏拉圖的想法，哲學家皇帝會是善意的管理者。雖然理論上如此，實際上卻會困於因犯困境。以聖經裡記載的所羅門王為例，他是位明智又充滿善心的統治者，但他之所以能充滿善心，是因為他掌握了全國大多數的財富。換言之，面對資源的爭奪，他並未置身事外而維持中立、確保分配公平，反而是加入爭奪而有了作弊的舉動。

所羅門王每年光是黃金的收入就達到600,000金衡盎司，換算成今天的價值，合市價約4.8億美元。加上他其他的財富（包括蓋那座著名聖殿的600億美元），所羅門王可是比爾・蓋茲等級的有錢人！只不過一位是收稅致富、一位是靠賣東西罷了。

所羅門王加入資源的爭奪，於是也成了問題的一部分而非解答，這就是訴諸權威的一般問題所在。權威人士也有他們的考量，而且這些考量不一定永遠符合公平合作的原則，只要這

些考量發揮作用，權威人士就開始造成問題，而非解決問題。

父母和教師（我們兒童時期面對的權威人士），也是如此。我父親總認為自己公平公正，還引以自豪，其實他花在我身上的時間比我兩個弟弟更多，只因為我考試考得比較好。他自己的求學過程不順利，他就以此來感受一下教育的好處。

我們就面對這個事實吧：所謂善意的權威人士大多只是一個迷思。每次聽到校園霸凌、某個遙遠國度的軍權專政、或是無辜平民在內戰中喪生的時候，我們總會希望能有個權威人士處理一切。我們會想，當然該有某個人站出來，做為權威的獨立仲裁者，阻止一切爭端，像是教師、有力人士，甚至是聯合國這種國際組織。但光從每天報紙上明擺著的事實來看，就知道權威人士需要權力，而一有了權力，就幾乎無可避免的會謀求私利。不論權力如何以善意為訴求，善意都永遠不是他們考量的重點。

歷史上，許多貴族統治者都用權力來滿足私慾。哲學家、政治理論家和政治行動派，試過用各種規範權力的方式來解決這個問題，其中常用的一種方式，就是將權力分散到社群中的一小群人手中，或者直接將權力分散至整個社群（這是民主社會和共產社會的共通點）。雖然理論上聽起來是個好點子，但實際上問題仍然存在，只是形式有所不同。所以，民主國家的人也別太得意，雖然我們沒有集權領導者，但卻常常有多數欺壓少數的情形。

少數的人也可能擁有不成比例的權力，特別是財富就常有

這種情形。雖然個人可能覺得民主制度中有民意代表為民喉舌，但許多針對投票制的分析（見第53頁）指出，所謂的平等代表權，恐怕就像善意的權威人士一樣，只是個迷思。選出的民意代表常常屈服於既得利益，收賄情事也常有所聞。當然，司法系統能做為獨立的權力機關，但法律也可能受到權威人士操作。套用狄更斯筆下人物邦伯先生（Mr. Bumble）的話來說，如果法官只局限於法律的字面意義而脫離了常識的詮釋，那根本就是蠢事一樁。

很多日常情境裡，法律其實並無用武之地。像是有人插隊、超車，或是沒把自己在公司裡分擔到的事做好，恐怕並沒有告上法庭的必要。而像是嚴重的國際局勢，法律大多也無置喙餘地，雖然有時候可以維持不穩定的和平（像是對於賽普勒斯境內的分裂局勢），但多半是全無效果（就是有國家完全不理會各方呼籲，不遵守聯合國核心國際人權條約），或是變成權力較大的一方的操弄工具（以聯合國為例，主要就是擁有否決權的那些國家）。

那麼，我們要如何執行合作協議？有沒有其他方式？賽局理論可以提供其他的出路。

能夠自動運作的策略

　　賽局理論的做法，是將納許均衡做為一種能自動運作的機制，讓合作期間沒有作弊的動機。只要需合作的情境的確屬於納許均衡（例如兩個人在狹窄的人行道上相遇的例子），就能輕鬆做到，原因在於：納許均衡的情境中，任一方改變策略並沒有任何好處。但如果需合作的情境不屬於納許均衡，情況就較為困難，因為（就定義而言）這就構成「社會困境」，任一方都可能想小小作弊一下、打破協議，而得到更多好處。（但只要另一方也作弊，雙方就都會落得偷雞不著蝕把米的下場。）

　　在本書後續章節，我會討論如何成功執行這種策略，涵括日常生活、國家以及全球的層面。大多時候的方式是改變獎勵結構，塑造出納許均衡。一種大家都知道的常見方法就是帶入社會常規、改變獎勵結構，讓不遵守的人遭到「無法得到認同」的處罰。

　　「不受認同」的感覺不一定要來自他人。我們從小受到的教育是，如果所作所為和所受的訓練相違背，就會自己覺得丟臉，而且這種感覺可能強烈到讓我們不再這麼做。這股力量十分強大，而順從社會規範也是社會穩定的主要因素。就算沒有人當面指責，自己也總會感受到隱隱的羞恥之心。

　　不幸的是，有時候光靠羞恥心並不夠。像我從小接受的教養，就是要成為恪遵教義的衛理公會基督徒，居住的社區更是強烈反對飲酒和跳舞。但到了青春期，跳舞的禁令就被打破

了，發育中的性衝動無比強大，能摟著女孩跳舞，足以讓我忘記任何羞恥。而到了大學時期，酒禁也被打破，我渴望和同儕一起暢飲啤酒，那種快樂也能讓我完全解放。

即使如此，社會常規還是有一定的力量。像是「鐵達尼號」下沉的時候，大多數的男性乘客，就還是能遵守讓婦女和孩童先登上救生艇的常規。只不過，似乎有個男乘客倒是變裝混上了救生艇。這就是社會常規的問題：雖有一定力量，卻非萬無一失。社會壓力遇上自身利益，偶爾還是會敗下陣來。

就算將社會規範明訂為法律，還是可能無濟於事。例如「開車要靠右」，在美國實行良好，形成合作的納許均衡而讓人人得到安全，只要遵守就能避免嚴重傷亡。然而，在其他國家的情境就可能完全不同。

像是我有一次在印度搭車，在雙向的公路上，抬頭看到一輛滿載蔬菜的貨車搖搖晃晃正對我們而來，原來是貨車司機懶得開到路口再迴轉，決定直接切過中央分隔島的小缺口，直奔目的地！等到我驚魂甫定睜開眼睛，發現我的司機已經採取最佳的納許均衡選項，與貨車司機的策略取得協調——他把車直接開上了人行道，先讓貨車開過，再回到路面上。

這裡的問題在於，貨車司機心中合乎自身利益的理性選項，與我或我的司機的想法頗為不同。要將賽局理論應用到日常生活，這是個主要的問題：別人的理性，和自己的理性可能其實是兩回事。這個問題並非無法解決，但解決的方法可能有幾分微妙。

有一次，我在雪梨的一間酒吧裡不小心把冰啤酒打翻了，潑在一個醉醺醺的阿兵哥腿上。他拿槍指著我，這可不能說是什麼理性的狀況。但任何一位當代的賽局理論家一定會對我的反應大加讚賞：我一面溜到最近的桌底下，一面朝著他那些還清醒的朋友大叫：「抓住他的手！」希望能喚醒他們的理性（並且達成協議！）。好險，他們也抓住了。

　　雖然我們的反應有時並不理性，但仍然應該以理性為出發點，畢竟這正是使得人類和其他物種不同的特質，而且只要我們願意且能夠溝通，理性通常也能讓我們達成協議。社會規範和社交線索有助於維持協議，特別是如果雙方都覺得協議公正，便能長久維持。然而，正如下一章要談的，光是要達成協議就已經相當困難，即使我們使用的策略像「我切你選」一樣簡單明瞭，也還有許多需要考量。

第 2 章
我切你選

　　我們在童年感受最強烈的需求之一就是公平，而到了成人，就成為我們的正義感。尋找促成並維持合作的工具時，我也是首先訴諸這種正義感。我認為，如果各方都覺得協議很公平，也就比較不會打破協議。

　　對「公平」的感覺似乎深植在我們心中，而且可以追溯出長久的演化歷史。例如就連猴子也分得出公不公平。全身褐色的僧帽猴，如果看到同類完成了相同的任務、卻拿了較多獎賞，會滿腹牢騷而大發脾氣。研究者發現，牠們生氣之後就不願意再做同樣的工作，甚至氣到拿獎勵用的食物丟研究人員。想當初，我也曾經拿最愛的水果塔丟我媽媽，也只是因為覺得我弟拿到的那塊大得不公平。

　　我母親應該怎麼做，才能確保我不會嫉妒弟弟拿到那一塊「大」的？答案很清楚，就是運用「我切你選」的策略，由一人來切，另一人來選（但是實際效果可能也有限，畢竟我那個

時候才四歲，弟弟也才兩歲）。然而，賽局理論家已經指出，面對任何一種有限的資源，原則上這已經是最公平的方法，可以確保結果不會招致任何嫉妒之心。原因就在於，切的人會努力達到公平，而選的人都已經有選擇的權力了，也沒什麼好抱怨。

我第一次體驗到這種策略，是有一天我把一枝火箭沖天炮射進了祖母的臥房裡。還記得那天是在慶祝某個節日，我不小心把弟弟的一盒煙火踢進了我家的營火堆。射進臥房的是一枝很大的藍色火箭，足足比其他那些紅色的貴上三倍！那盒煙火爆開的時候聲音超大，想必會吵醒當時正甜甜睡著的祖母，只不過火箭可是在那之前就率先在空中劃出一道金色弧線，衝過臥房大開的門口，鑽進梳妝台底下，先是嗞嗞作響，接著很快就爆出一片閃亮耀眼的藍白光芒，祖母下床逃跑的速度超快，一點也看不出來是七十好幾的年紀。她站在房門口，揮著枴杖，嘴裡喊著一些我從來不知道她也懂的字眼。後來，真正修理到我的不是那根枴杖，而是老爸說，要把我的那盒煙火分一半給弟弟。

我那個時候才七歲，雖然還沒開始研究哲學，還是想出了自以為了不起的論點。我說這一點也不公平，踢到煙火不是我的錯，而是弟弟不應該把煙火放在營火堆旁邊。可惜父親不吃這一套，我最後爭取到的，只是由我來把我的煙火分成兩堆，再讓弟弟來挑。

我挑得可小心了，心裡盤算不管弟弟挑哪一堆，我都絕不

能吃虧。這是我能做的極限，也是他能做的極限。如果哪一個吵著要更多，老爸就會把所有的煙火拿給另一個。回應老爸的策略時，雖然我並不自覺，但還是用常理判斷出要採用「我切你選」的策略，而這正是賽局理論家會提出的建議（第5章則會談談我老爸還可以採取什麼策略）。這裡所應用的準則，也就是所謂的「大中取小」（Minimax）原則。

「大中取小」的意思就是，你得先衡量局勢，看看各種選擇會造成什麼最大損失或最壞的結果，然後再決定怎麼做可以讓損失最小（英文字 minimax 裡的 max 就代表 *max*imum，即可能的「最大」損失，而 mini 代表 *mini*mize，意思是「減到最小」）。如果當初亞當和夏娃在伊甸園裡也採取了這個原則，就不會冒著損失整座伊甸園的風險，只為了嚐嚐蘋果的滋味。我們替房子或車子投保，也是希望將可能的最大損失縮到最小，心想就算損失保費，也總比碰上車禍或發生火災的損失來得好一些。

「我切你選」之所以是個符合「大中取小」原則的做法，是因為切的人絕對會盡可能切得公平，好讓可能的損失縮到最小（這就是大中取小的原則），而選的人一定也會依照相同的原則來選擇自己的一份。

這個策略頗為公平，在這個混亂的世界上，也就成為分享資源的一大可用策略。常見的例子就在於離婚時如何分財產，目前常用的做法是估算所有資產的金錢價值，再將總金錢價值依比例平分。賽局理論家也曾經點出，「我切你選」的策略也

能考量到其他的價值因素（像是對某些物品的感情），所以在分的時候對雙方都有利。

在某些國際協定中，也可見到「我切你選」的策略運用。以1994年聯合國海洋法公約為例，高度工業化的國家希望能取得部分國際海域的採礦權，但同時又必須保護開發中國家的利益，因此，決議由想開採海底礦藏的國家將該海域分成兩塊，而由一個獨立的機構代表開發中國家，從中選擇一塊，留待以後開採。

雖然就理論而言這聽起來真是個好主意，也很像是讓那些唯利是圖、自私自利的已開發國家得到了點教訓，但等到我實際試著應用這個策略，卻發現有三大難題。第一是不同的人常常有完全不同的價值觀，雖然這本身並不是問題，但卻會使得價值的評估和比較十分困難。第二是實際執行的問題，特別是如果牽涉到超過兩方，就更為複雜。第三、也是最大的難處在於結果出爐之後，如果沒有獨立的權威介入，要如何確保其中一方不會作弊或耍流氓、希望多拿些好處？

大中取小（Minimax）原則

「大中取小」原則其實由來已久，有句老諺語「半條麵包總比沒有好」，就道出了這種想法。喜劇小說家兼橋牌好手賽門（S. J. Simon）便曾在他的著作《打橋牌為什麼會輸》裡提到，目標應該是要追求「最佳的可行性」，而不是「最佳的可能性」，這種說法也完美點出了「大中取小」原則的精髓。

「大中取小」原則的應用，從馮諾伊曼對賽局理論的先驅研究中可見一斑（他研究賽局理論，是想贏撲克牌）。套用馮諾伊曼的話來說，撲克是一種「零和」（zero-sum）的遊戲，有人贏錢，是因為有人輸錢，所以最後所有人輸贏加起來的總和會是零。雖然下新聞標題的人愛用「零和」這個詞，但其實在現實生活中，這種情形不太常見。然而，賽局理論在發展初期，只能用來處理零和情境。馮諾伊曼和他的合著者、經濟學家摩根斯坦（Oskar Morgenstern），分析了想贏撲克牌的最佳策略，寫出史上最難懂的書之一：《賽局理論與經濟行為》，厚達648頁，密密麻麻滿是數學式。現在我都把這本書拿來擋門，書架上則改放一些年代比較近、也比較平易近人的著作。

馮諾伊曼與摩根斯坦的結論是：「大中取小」原則永遠可以得到最佳策略，而且人人滿意！可惜的是，前提必須是零和情形，輸贏必須相等，但這並非現實生活的常態。例如小偷打破車窗偷走你的音響，雖然他賣掉音響的確可以拿到一些錢，但與你的損失（還

有保險公司的損失）相比，就是小巫見大巫；這裡的所失與所得並不相等。又例如商業競爭，將同業鬥到破產，也只能讓贏家的利潤稍微增加，整體來看絕對損多於利。從離婚到內戰，在衝突的情境中，人人都是輸家。

但在這些情境中，「大中取小」原則仍然派得上用場，像是運用商業策略讓破產的機率縮到最小，也是好事一件，只不過，並不能永遠保證得到最佳的結果。比方說賭博，如果風險低，就不妨加碼。如果是有固定規則的賽局（例如撲克和棒球），「大中取小」原則保證能讓你掌握最大機會。不過，如何才能真正掌握最佳的可行性，而不是苦苦追趕最佳的可能性？

馮諾伊曼所提出的最佳選擇，是採用混合的策略，也就是結合各種行動和回應，讓別人猜不透，好把可能的最大損失減到最小。棒球投手憑直覺就會採用這種策略，在關鍵的半局，搭配運用快速球、滑球、曲球等等球路，只是，比例該如何拿捏？雖然有各種排列組合，但馮諾伊曼卻已證實最佳的策略只有一種。以投手而言，不一定是要隨機平均使用各種球路，因為每位投手總有比較擅長的球路，譬如他的快速球可能就超越其他投手，而能壓低打擊率。然而，如果投手只投快速球，又太容易預測而被連轟，所以最好還是搭配一些稍有變化的球路。馮諾伊曼提出的數學理論可以讓我們預測最佳的組合，只是我到現在還沒看到哪一支球隊好好利用。

有些人在觀察運動賽事的時候，會去比較由數學理論和由直覺得到的結果，他們發現，由直覺產生的結果也符合「大中取小」原則。以足球為例，美國布朗大學的經濟學家帕拉喬華爾塔（Ignacio Palacio-Huerta）是個足球迷，他看了英國、西班牙、義大利等國職

業賽中的上千次罰球，並依據兩人零和賽局的情境加以分析。主罰球員和守門員要各自決定該向哪邊射門或撲球，而且兩個人都有自己較擅長的方向，如果兩人都不知道對方的決定為何，就應該選擇自己較拿手的一邊來勁射或撲接。

　　然而，不論是罰球或是守門，都不能永遠只選擇自己擅長的一邊，以免對手從過往的賽事中找出預測規則並據以行動。套用賽局理論的術語來說，雙方都必須混用自己的各種策略，好讓預期報酬最大（預期報酬對罰球員而言是指得分的機率，對守門員而言是守下這一分的機率）。根據「大中取小」原則，球員只要混合策略，不論是選擇向左邊或向右邊勁射或撲接，都可以讓預期報酬（成功率）維持一定，至於搭配的比例，則要視球員的強項而定。帕拉喬華爾塔分析觀察指出，幾乎所有守門員及罰球員都是賽局理論的化身，依照適當的左右頻率選擇攻守策略。

青菜蘿蔔，各有所好

我的第一個人類價值觀實驗，完全是個意外，結果也全然出乎意料。在一場宴會上，裝有小蛋糕的盤子在賓客間傳來傳去，傳到我的時候，盤子上只剩兩塊。出於禮節，我將盤子伸向一位女客，請她和我分享這最後兩塊。她很快選擇了其中較小的一塊，把較大的留給了我。這完全不是賽局理論預料的結果，如果根據賽局理論，人類應該總是要追求最大自身利益才是。

雖然有的回應只是要先發制人，著眼的是預料會發生的行動，但在這個場合，這個回應再直接不過了：我給她兩塊蛋糕，她的回應則是拿了小塊的。這要怎麼解釋，才能說是比較符合她的利益呢？想知道只有一個辦法，就是直接問她為什麼挑了小的。她的答案十分引人深思，她說如果拿了大的，會覺得不好意思。大塊蛋糕雖然會帶來利益（滿足口腹之慾），但卻比不上這個看來貪婪的舉動所帶來的羞愧。

所以，賽局理論的假設其實並沒有錯，只是要把所有的因素都列入考量。那位女客的確選擇了最符合自身利益的選項。賽局理論家將這種總體的利益稱為「效用」（utility）。

如果衡量效用的時候，可以像物理學家測量光速、或像化學家測量溶液濃度一樣精確，就可以為不同策略帶來的回報定出價值，那麼賽局理論也就可以成為一門精確科學了。依目前的情形，賽局理論家所能用的衡量方式雖然能協助做出比較，

但可能還無法一窺全貌。

衡量方式之一，就是將每種利益定出金錢價值。這件事聽起來難，但做起來還滿容易的。像是街角的便利商店，幾乎每樣東西都比幾公里外的大賣場貴上幾塊錢，但多年下來，便利商店仍屹立不搖，因為當地居民就是希望能有那幾分便利，特別是買小東西的時候。便利店和賣場的售價相比，其間的差價也就是那份「便利」的金錢價值。

很多時候，我們都可以把原本無法估量的利益轉化成金錢價值（其實，這也正是現代經濟學大半在做的）。我得承認，小孩還小的時候，我也是這樣說服他們打掃房間的；畢竟，道德勸說效力有限，以身作則也不是每次都靈，說到底，賄賂還是最有效的方法。在打掃房間上，我付出的成本和我的收入相較，可說是微不足道，但對小孩而言可說是大筆進帳。我真正用錢換到的，是讓小孩暫時放下玩樂，而他們願意接受的價錢，則反映出他們心中對玩樂時間所定出的價值。

同樣的道理也可以應用到其他較廣的問題上。例如在英格蘭，遊客就愛那種田間樹籬成排的鄉間美景，但農夫卻一心除籬而後快，好讓田地廣闊一些。解決之道為何？先調查一下，農夫要收多少錢才肯放過那些樹籬，然後政府就用觀光收入來補貼這筆費用。

再放到更大的層面。要是全球的自然棲地都像巴西和印尼等地一樣快速遭到破壞，很快我們就會面臨生態浩劫。然而，您願意付出多少錢（像是增稅以支付援助海外的費用），好讓

巴西的農夫或伐木業者放過一片雨林、不要開墾成農地？您又願意付出多少，好阻止印尼雨林的砍伐？（印尼雨林是瀕臨絕種的紅毛猩猩的棲地，但目前正遭到大規模開發、栽植棕櫚樹，好為西方市場提供便宜的棕櫚油。）這些生產製造者，要多少錢才願意停止行動？願意支付和願意接受的價錢，兩者之間相去多遠？

如果我們從這個角度來看問題，將這些難以估量的事物（像是生物多樣性）賦予金錢價值，多少就能掌握問題的規模，初步了解應如何解決。然而，困難之一在於規模可能改變。以我付錢讓小孩打掃房間為例，一開始成效不差，但後來他們開始什麼都要錢，事情也就每況愈下，就像世界上很多地方，行賄官員成為生活的常態一般。我從這裡學到，有些策略是要追求一次見效，但有些策略則是要長長久久，應付重複性的問題。這在第5章會深入討論。

賄賂聽起來不是件好事，但賽局理論家證明，這是合作的一項必要成分，只是通常得換個不那麼難聽的名稱，改成像是**誘因、獎勵、補償給付**（side payment，這也是正式的術語）。不管名稱為何，都是指群體中的某些成員給予他人的一種報酬（可能是金錢、實質物品，甚至是情感支持），好確保此人對群體的承諾不變。

雖然這種看事情的方式聽起來有點冷血，但的確能在即使最感情用事的情況下，也能清楚指出事情背後的運作方式。像是我第一段婚姻走到盡頭的時候，諮商師要我們夫妻一起坐

下，一一詢問我們兩人，覺得另一半是否對這段婚姻的維繫付出夠多，等聽到答案後再問另一人，是否願意多付出一點來維繫婚姻關係。

諮商師並沒有談到錢，而是談尊重、情感支持，還有各種促成美好婚姻的元素。這種做法，也讓她將人類的互動轉換成一種賽局，有各種策略和結果、得到和失去、贏家和輸家。這對於心理學家而言並不是新鮮事，也不會貶低人際關係的價值，只是用一種新的方式來看事情（而且常常也很有用）。在這場人生的賽局裡，賽局理論家會用一種類似的人類行為模型，來比較不同策略的結果，看看在各種情況下的最佳策略為何；至少，他們會希望為策略排出先後次序（像是壞、好、更好、最好之類的）。然而，想讓這種方法得到最大價值，就必須為結果加上量化的數值。

有時候，的確能定出實際的金錢價值，但常常並不那麼容易。為了解決這個問題，賽局理論家創造了一個長得超醜的英文字：util（效用值）。如果有某個結果的效用無法用金錢價值來表達，就改採效用值來描述相對效用。雖然這聽起來好像很沒用，但其實在某些不宜或無法以金錢為單位的情況下，的確有利於比較。

比方說，要我們針對某事物的喜好程度給1到10分，其實就是在評定效用值。像是前面我所提的挑蛋糕例子，只要我請那位女客為她的選擇給分，就能解釋她為何會選小塊的。我先請她給大小兩塊蛋糕評分，並假想她是在蛋糕店裡，那兩塊蛋

糕價錢相同，不太貴也不太便宜。結果，她給大塊的5分，小塊的給4分。

接著我再請她在同樣的基礎上，針對拿不同蛋糕的心裡感受加以評分。她對拿小塊的情形評了8分（蛋糕還真的相當美味），而對拿大塊的情形評為4分。

只要將這些分數視為效用值，就能夠相加得出結果：拿小塊的總分是12分，而拿大塊的總分是9分——明白指出她會優先選擇小塊蛋糕。太完美了！

我也曾在其他宴會場合，用各種蛋糕和飲料做相同的實驗，結果大同小異，而且男女無別，兩性似乎都覺得拿小塊蛋糕的效用值較高（只要一請他們評出分數，就十分明白）。

但是所在的國家可能也會影響結果，像我在英國，很重視這種禮節，而我在澳洲的實驗也得到相同的結果——除了我弟弟，他眼睛眨都不眨就拿了最大的一塊，臉上還露出微笑。他可不管我有什麼感受，對他來說，蛋糕的大小才是王道！（搞不好也是要報復煙火的事。）

分蛋糕的難題

等到進一步探討如何以公平、不引起嫉妒心的方法，來分配有限的資源，我才發現，要給人類的感覺定出數值，只是第一個問題。第二個問題是找出可行的公式來執行分配。這也

就是「分蛋糕的難題」（cake-cutting problem），要到了二十世紀，數學家才提出完整的通解。

　　但是，早在沒有近代數學的古代，一群猶太教經師就曾經為一件案例找出解答。那是一個一夫三妻的案例，記載在猶太法典《塔木德經》之中。

　　其實問題的重點不在於有三個太太，而在於老公死了之後，三人要如何分配遺產。她們三個都和先生定有婚前協議（可不像現在的某些名人），但內容個個不同。大房的協議明訂她可以從遺產裡分得100第納爾（dinar，100第納爾約合8500美元）。二房的律師更高竿，讓她可以得到200第納爾。三房的律師最讚，讓她可以分到300第納爾。

　　但如果先生的遺產不足600第納爾，該怎麼辦？這就是猶太經師的工作了，要想出一套簡短的結論，做為準則。究竟要怎麼分，才能符合各份協議的精神？經過仔細思量，經師想出三種建議，因應不同的遺產總值；其中兩種用直覺便可理解，但第三種卻讓研究《塔木德經》的學者傷透腦筋，直到最近才找到解答。

　　如果遺產總值為300第納爾，經師建議採用比例分配（50、100、150），可以符合各份協議所要求的比例。如果遺產只值100第納爾，經師則認為直接平分較為公平。然而，學者要到1985年，才弄懂了第三種分法的道理：經師建議，如果遺產總值介於100和300之間，例如200第納爾，則分成50、75、75三份。

在之前，這種分法看來毫無道理，許多學者乾脆置若罔聞，有一位還說既然他看不懂，一定是翻譯有問題。後來，賽局理論家奧曼（Robert Aumann，也是諾貝爾獎得主）注意到這個問題，與經濟學家馬希勒（Michael Maschler）合作，使用賽局理論，證明這群經師其實是找出了最佳、最公平的解決方式。

他們提出的論點既漂亮又簡單。先考量這種情形：現在有一份資源，有一人聲稱擁有全部的所有權，但又出現另一人，聲稱擁有一半所有權。要如何解決？答案是分成75：25。

首先，因為第二人只聲稱擁有一半的所有權，所以第一人至少擁有一半，這點無庸置疑（所以可以直接拿走）。接著，就是所有權有爭議的剩下一半，而公平的分法正是50：50。奧曼和馬希勒將這個分法稱為「有爭議部分的平分法」，而在一夫三妻的案例中，「三位債權人任取其中兩位和他們拿到的總數，分法都符合有爭議部分平分原則*」。

在我聽來，日常生活中要分東西，都可以應用這項了不起的原則，不僅規則簡單，而且感覺起來也十分公平。有一次我和朋友一起去看一個車庫拍賣，發現有一屋子的二手書。我們兩個沒有爭著要找出自己最想要的書，而是先合資，只要是我

---

* 編按：譬如三位太太分 200 第納爾的分法是 50、75、75，如果我們看大房和二房，她們一共拿到的總數 125，而把 125 分成 50、75 兩份的分法，正符合「有爭議部分平分原則」。理由是：首先，大房只聲稱可分到 100 第納爾，所以 25 可直接歸給二房；剩下的有爭議部分是 100，平分給兩人，因此大房分到 50，而二房總共可分到 75（25＋50）。其餘兩個情形（二房和三房、大房和三房）可以依此類推。

們其中有一人想要的，就全部買下來。然後，我們把書分成三堆：我想要而他不要的、他想要而我不要的，以及我們都想要的。接下來我們輪流從第三堆（有爭議的部分）一人挑一本，直到平均分完為止。真是太簡單、太令人滿意了！

　　「有爭議部分的平分法」也可以應用到全球議題。現在正有人嚴肅以對，認為這是處置領土爭議最公平的方法。像是位於北極海的羅蒙諾索夫海脊（Lomonosov Ridge）的石油探勘權爭議，只要先將沒有爭議的部分授權給各國，剩下的部分再平均分配即可（可參見關於1994年聯合國海洋法公約的注解）。這些問題的確相當複雜，但是身為科學家，我總是希望能找到簡單的解決方法，而且這的確可能行得通。

　　「我切你選」其實就是「有爭議部分平分法」的簡化版，道理在於消除不具爭議的部分，接下來直接平分即可。然而，事情並沒有到此結束，因為弟弟和我又發現，老爸連家事也想如法炮製，他會把家事一一列出來（倒垃圾、洗碗盤、掃地板），叫我們其中一個分成自己覺得公平的兩份，而另一個再來選；為了確保我們不會有任何抱怨，連分的人和選的人都會每週輪流。

　　到目前看來，似乎都還算公平。但後來我們又有了個弟弟，等到他大到足以分擔家事，就天下大亂了。等到三個人來分工作的時候，似乎怎麼分都有問題，要平分家事，就不得不把某些工作切得更細，甚至在切工作的時候都還會有問題。麻煩似乎永無止境。

我們當時的做法，正是數學家試圖解決三人以上的分蛋糕問題時，會採取的手段（以及遇到的困境），只是當時我們並不知道。其中一個難題是（就算只是個蛋糕）：一開始要分成三份，就已經多少有點大小不一，代表第一個人可以挑到最大塊，而讓另外兩個眼紅。

面對這個問題，數學家最初想到的解決辦法，過程相當複雜，要請第一個做選擇（而拿到最大一塊）的人切下一片薄片，再繼續分下去。但不幸的是，這種做法會分到永無止境，就像我們兄弟的情形一樣。要到1995年，紐約大學的布蘭姆斯（Steven Brams）與協和學院的泰勒（Alan Taylor）才終於想出了可行的解決方式，不會無限執行下去。

雖然計算過程十分繁複，但在電腦協助下，布蘭姆斯和泰勒設計出了獲得專利的電腦運算法，能公平分配貨品的所有權。基本原理在於：對於同一件資產，不同的人可能會定出不同的價值，因此假設是兩方要劃分所有權，就可以動些手腳，讓兩方感覺起來似乎都拿到超過一半的所有權，達到雙贏的局面（如果真有這種事），而且不管是什麼情境都能夠適用！

這種解決方式採用的是「調整贏家」（adjusted winner）的概念，可能的應用則可參見他們的著作《雙贏策略：人人都公平》。

其中一種用途，就是用來協調土地產權和類似的領地爭議，現在已有相當進展，有愈來愈多公平公正的方法出爐。

另一種讓人想不到的應用，則在於投票。民主要能確定每個人都有公平而且相等的代表權，其實就是將切蛋糕的難題應用到數百萬的選民身上，而讓每人的一票都是等值。但有意思的是，如果從布蘭姆斯和泰勒的觀點來看，現在的投票制都稱不上具代表性。舉例而言，同樣是一票，在競爭激烈的選區會價值連城，但如果是在一面倒的選區、還投給輸家，這一票就幾乎毫無價值，因為那位候選人怎樣都不會上。

然而，布蘭姆斯和泰勒的運算法的確為公平分配立下基準點。在現實生活裡，我們能希望的也就是讓解決方法盡量靠近基準點。像是我父親最後想出的方式：允許我們兄弟三人對三張家事清單各作一項調動，然後他把清單洗牌，再隨機分派。

這個辦法之所以有用，是因為我們對各種家事沒什麼特別偏好（反正都一樣糟）。但是隨機分配並不總是最好的辦法，這件事我曾經在分結婚蛋糕上有過體驗。

在朋友的婚宴，典禮結束、致詞完畢，到了切蛋糕的時候。那是個很漂亮的巧克力蛋糕，上面有厚厚的奶油，而我也想看看，究竟誰會先拿大塊的。然而，看起來大多數人在乎的不是能吃到多大，而是能吃到什麼。有些人希望奶油愈多愈好，但也有人看到奶油就反胃，寧可蛋糕的比例多一點。如果真的把蛋糕分得「公平」，每份都有一塊蛋糕蓋著奶油，反而不見得真正滿足眾人的需求。

其他桌的賓客，會把沒吃完的奶油或蛋糕留在盤邊（婚宴

結束後，我數出留在盤邊的有31團奶油、17塊蛋糕）。而在我這一桌，因為先前已經有人開始和鄰座的客人交換蛋糕或奶油，於是我建議，請大家先把奶油和蛋糕分開，把想和別人交換的都放在一個大盤子上，接著輪流傳盤子，讓大家一一選擇要蛋糕還是奶油。就這麼簡單，人人都滿意，而且超過一半的人都說，最後他們吃到的比原先更好。

從我的實驗可以發現，如果大家對於要分配的資源有不同偏好，最實際的做法，就是讓要挑的人來進一步細分。我有一位從事國際援助工作的朋友，他也告訴我，這正是某些村民分配援助物資的方法。

通常，剛開始分發物資的時候，情況較為混亂，有人拿到的都是毯子，有人拿到的都是食物，雖然可以一一私下交換，但很快就發現這很沒效率。更有效的辦法是先把自己需要的留下，剩下的則集中，再輪流拿取需要的物資。北美洲西北部沿岸地區的原住民有一種「冬季贈禮節」，也有重新分派財富的類似功能，其中很有趣的是，名望也可以算是分配的物品之一，因為拿最多出來分的人，就會得到最高的聲望。

民主權力的公平分配並非總是易事。我會這麼說，是因為曾經擔任過一個澳洲政黨的政策協調人，當時該政黨剛成立，現在則已經倒了。我們政黨倒閉的原因之一，就是我們太想達到真正的民主；所有的政策決議都要經過討論、決議、再經全體黨員同意，花的時間長到沒道理，行政負擔重到沒人性，而且常常導致最後政策不如預期，甚至自相矛盾。

為了讓黨員（和我自己）的日子好過一點，我決定做一項實驗，使用「德爾菲法」（Delphi technique）來作決策。這種做法以賽局理論為基礎，而且原則非常簡單：每個人都可以用問卷來發表自己的看法（本例中則是對政策的看法），接著再由一位獨立的協助員（本例中再度由我擔任，沒辦法，本黨人力單薄），統整眾人的論點和結論，最後將摘要回送給所有黨員。這時所有人可以參考他人的意見，修正自己的論點和結論，並再次投票。

　　這裡的道理，是要讓群眾得到最佳的可得資訊，據以共同得出最佳決策。商業界也用這種方式來作市場預測，正是因為一群同樣專精或同樣無知的觀察者的平均意見，會比從其中任選一位的意見來得可靠。索羅維基（James Surowiecki）在其著作《群眾的智慧》提出一個有趣的例子：電視節目「『誰想成為百萬富翁』讓群眾智識和個人智識對決，但每個禮拜，群眾智識都是贏家」。

　　然而，我想用這套方法使政策決定過程民主一些，黨員卻完全不買帳──原因不在於這套方法不公平，而是因為我沒有先詢問他們的意見！但我難道還得先詢問「我該怎麼詢問他們」嗎？我就像在一條快沉的船上，受困於他們這種邏輯的漩渦之中，而我也採取了唯一可行的解決之道：跳船逃生，讓他們自己去處理問題吧。從此之後，我再也沒有直接插手過。

　　與政治的短暫交會，其實是因為我對於世界未來的方向深感憂慮。我現在知道政治絕非我的強項，有個原因是，我還是

維持著從小培養的公平競爭和公平處事觀念，而這和現實政治格格不入。然而，我並未忘記當初參與政治的初衷，特別是要推動並維持我的合作、正義、公平信念。

研究「我切你選」的策略之後，我發現雖然這的確是個有利公平分配的策略，但常常需要由外部的權威者來執行，才能真正成功（像是由我父親來排解煙火之爭）。在現實政治裡，光靠公正公平，還不足以確保合作協議能自動運作。所以我還必須繼續研究，找出能自動運作的策略。但在這之前，我決定先深入研究造成社會困境的邏輯為何，以便了解是否能從邏輯本身找出解答。研究發現，日常生活中的社會困境不只一個，而是多達七個！

第 3 章
七大困境

我們得面對的社會困境林林總總，囚犯困境只是其中之一。賽局理論針對危害最大的七大困境，各取了發人深省的名字。除了囚犯困境之外，其他六個如下：

- **公共財的悲劇**：群體中不同組的人之間，不斷上演囚犯困境的情形。

- **搭便車**（是「公共財悲劇」的變形）：有人占用公共資源，卻沒有一點貢獻。

- **膽小鬼賽局**（也稱為「邊緣運用」）：雙方都在測試別人的容忍限度，並希望另一方先屈服。例子像是在路上有人硬是想切進某條車道，至於如果是國家之間的衝突，則可能導致戰爭（有時候也的確爆發戰火）。

- **自願者困境**：必須要有人為團體犧牲，否則就是全體皆輸，但每個人都希望別人去犧牲。情形可大可小，小事像是倒垃圾，大事則可能真的要犧牲性命、拯救其他人。

- **兩性戰爭**：兩人有不同偏好，像是丈夫想去看球賽，太太卻想去看電影。但重點在於雙方都希望能有對方陪伴，而不是各自去做喜歡的事。

- **獵鹿問題**：只要團體中的成員合作，就很有可能在一場高風險、高報酬的行動中致勝；但如果某個人不合作而脫隊行事，則他一定能得到報酬，只是報酬會低一些。

　　某種程度上，所有的困境道理都相同：雖然合作能帶來最好的整體成果，但這個合作方案並非納許均衡，而且至少又有一個「不合作的納許均衡」正等著讓人誤入歧途。本章將一一探討這些陷阱道理何在，又如何在真實的世界中造成影響，從第4章起，則會研究如何避免或逃離這些陷阱（讀者不一定需要先看過本章）。*

---

* 為求簡單起見，我會假設：雙方決定策略時，無法得知對方的決定。賽局理論家稱這種情境為「同步賽局」（simultaneous game，與「序列賽局」sequential game 相對），表示的方法類似第1章「囚犯困境」的矩陣圖解，但是圖中的報酬、策略和結果組合則有所不同。雖然這些矩陣圖解可以簡單呈現出發生的情形，而且也很方便參照，但並非真正的重點所在，如果你不習慣看圖，大可直接跳過。

我首先要提出來的，就是賽局理論中最廣泛、也最複雜的問題。

公共財的悲劇

　　「公共財的悲劇」（見方塊 3.1）這項社會困境牽連甚廣。我打算寫這本書的時候，就開始從報紙上蒐集例子，研究室地上很快堆起一疊又一疊的剪報，其中的報導包括盜版 DVD、詐欺、俄羅斯電廠的銅遭竊、漁撈過度、垃圾電子郵件、靠著眾多卡奴犧牲奉獻換來的信用卡優惠方案、資源耗竭、汙染、全球暖化等。這些都是公共財的悲劇，也可以說是多人的囚犯困境——雖然每個人只是拿了一隻公司的茶匙，累積起來的效果就可能不堪設想。

　　2004 年印尼海嘯肆虐後，我和太太前往斯里蘭卡，在那兒親眼目睹了「公共財悲劇」。當時外界資金湧入，協助災民遷居或重建。但一位當地導遊告訴我們，有些外地人竟偷偷搬了進來，好分一杯羹。可以說每個搬來的外地人都會侵蝕一點當地居民的利益，整體而言也就造成了公共財的悲劇：如果太多人採用相同策略，每人平均分到的錢就會減少，最後根本沒人有足夠經費蓋起合適的房子，或重建毀損的房屋。

　　網際網路的例子可能不那麼明顯，但其實我們每次上網，都逃脫不了「公共財悲劇」這隻黑手。如果我們大量下載音

囚犯困境（Prisoner's Dilemma）和
公共財悲劇（Tragedy of the Commons）

「囚犯困境」是只有單一納許均衡的情形，而本章的其他困境都有至少兩個納許均衡。為方便了解和比較各種困境，我全部以正向的獎勵來說明。例如第 1 章的「囚犯困境」，最高刑期是十年，而某個策略的獎勵就在於能夠減去幾年的刑期，比方說，假如伯納德和法蘭克都認罪、服刑四年，他們得到的獎勵就是減刑六年。

把方塊 1.1 裡的矩陣稍微改一下（刑期改成減刑獎勵），可得到下圖：

法蘭克

	認罪	不認罪
認罪	6　6	10　0
不認罪	0　10	8　8

伯納德

灰色網底的方格代表納許均衡，如果一方想獨自尋求更好出路，就會受到另一方阻撓。右下角代表兩人合作，也是雙方的最佳結果，但如果兩人只是自私自利，就會陷進左上角的納許均衡裡，動彈不得。

「公共財悲劇」其實就是多人的囚犯困境。在這裡的選擇，一種是和團體合作，不要拿超出應得的部分，另一種則是作弊，取得超過應得的公共資源。依照團體成員的選擇不同，結果也可能大不相同。

　以澳洲農民為例，當地目前遭逢嚴重乾旱，必須限制農業用水。如果人人遵守規定，就都能夠有所收成，只是每塊農地的平均產量會下降，例如可能每英畝只能收成5噸作物，而不是平常的10噸。如果其中有少數幾個人作弊，不管限水規定，這些人可能仍然能收成10噸的作物。但如果大部分的人都作弊，就會讓水庫見底，收成也大幅減產，可能每英畝只有2噸；這時搞不好會出現更嚴格的限令，而且遵守限令的人也可能只剩每英畝1噸的收成。

　這裡的結果，主要得看大多數的農民怎麼看待自己。如果他們認為農民應該是合作的群體，就可能採取合作的策略，而如果他們認為農民是彼此競爭的個體，就會認為人人都應該追求自己的最大利益，犧牲他人也在所不惜。如此一來，他們的關係如下圖：

換句話說，如果農民將自己視為個體，優勢策略就會是作弊、別管他人的策略為何。然而，如果人人都作弊（像在「囚犯困境」一樣），就會統統困在左上角，而不是合作能夠抵達的右下角。合作的關鍵在於找到適當的獎勵（心理上或是實質上），讓人願意成為群體中合作又忠誠的成員。我會在下面幾章再細談這項關鍵。

樂、影片或遊戲，結果就是每項下載都十分緩慢，更會拖慢電子郵件，打斷 Skype 通話，讓網路塞車，形成所謂的「網路風暴」，而我們只能坐在電腦前面氣得猛敲鍵盤，差點中風。下載的時候，我們可能並不感覺自己很自私，但每個人所做的其實就是想再多拿到一點公共資源，這也正是「公共財悲劇」的主要肇因。

其中，亂發垃圾電子郵件的人最糟糕，只為了自己想多賺幾個錢，就浪費了許多人的時間。我每天早上打開收件匣，總會看到二、三十封垃圾郵件塞爆了我的信箱，叫我無名火起，大刪特刪。但有一封卻讓我笑了，這封可能發給了幾百萬人的垃圾信，正是要促銷一套廉價的擋垃圾郵件軟體！

其實，網路風暴和垃圾郵件只是小事，更嚴重的問題在於資源耗竭、全球暖化、恐怖主義以及戰爭，而以上種種都源自同樣的邏輯問題：究竟是要和人合作，還是要先顧自己、不管別人死活？

搭便車

　　「搭便車」的困境其實和「公共財悲劇」十分類似，都是多人的囚犯困境。常見的例子有：在合租的地方留了一堆垃圾給別人清；看比賽或聽戶外音樂會的時候，是要繼續坐著、還是要站起來好看得清楚一點（而不管會不會擋到後面的人）；一方面不願意加入工會、卻又想得到工會和雇主所談出的好處；信用卡詐欺行為（因為銀行的損失會轉嫁到誠實的消費者身上）；竊盜；甚至包括削減軍備在內（即使大多數民眾希望國家裁減軍備，只有少數人希望維持而願意投入資源，大多數民眾仍然能享受這些少數人所帶來的軍事保護）。

　　究竟應該合作，或是不顧他人、追求自身利益？這是我們處理共有資源時常常面臨的問題。常常在第一眼看來，搭個便車並不會損及任何人的利益。我有個朋友曾經特地雇了垃圾車來清自家的垃圾，結果全街坊鄰居人人都想順便丟些東西，叫她十分火大。可是鄰居都說：「這有什麼關係啊？反正妳車都叫了，讓我們丟一點，又不用加錢。」

　　這種邏輯也滿難反駁的──其實，還根本無法反駁！因為這正是「囚犯困境」的邏輯。這不令人意外，因為「搭便車」問題的邏輯結構和「公共財悲劇」相當類似（請見方塊3.2），也同樣難以解決。原因在於：對搭便車的人來說，不管用不用，資源都在你眼前了，所以「好好利用資源」就是個十分合理的選擇。一開始是沒錯，但等到人人都照辦，情形就不同

搭便車 (Free Rider)

　　「搭便車」問題會讓「公共財悲劇」產生意想不到的變形。假設要蓋一座教堂尖塔，成本估計是10萬美元，要請信眾一人捐出100美元。我可以自問，蓋了這座尖塔，對我而言的利益大約值多少錢？假設答案是200美元，那麼在哪些情況我該捐款，在哪些情況下又該讓別人去捐，而我坐享其成？從自我中心的觀點看來，可以用下面這個簡單的整體矩陣（數值代表的是利益減去成本）看清現況：

所有其他人

		超過1000人捐款	剛好999人捐款	不足999人捐款
我	捐款	100	100	−100
	不捐	200	0	0

　　這可有意思了！只有一種情況，我捐的100美元才會有意義，那就是這100元會左右尖塔是否蓋成的時候。賽局理論家稱這種基準點為「有效合作下限」（minimally effective cooperation），而找出這些基準點，可能正是促成合作的關鍵。但很不幸的，只要稍微超過這個門檻，就大可選擇搭個便車，靠別人去出錢出力即可。原本搭個便車也沒什麼了不起，但如果人人都面臨同樣的矩陣，人人又都只想當「我」、讓別人去當「所有其他人」，問題就來了。

在現實中，很難判斷「有效合作下限」究竟在何處，因此，利益關係的矩陣常常看起來比較像這樣：

所有其他人

		有足夠的其他人採取行動	沒有足夠的其他人採取行動
我	行動	利益減成本	行動成本
	不行動	利益（不需耗費成本）	無利益

從矩陣可以明顯看出，對個人而言，「不行動」（也就是作弊）其實具有優勢，除非個人認為自己是團體的一份子，結果才會有所不同。就像是延伸的「公共財悲劇」情境，合作的關鍵就在於找出特定獎勵，鼓勵個人從心理上或實際上將自己看成團體的一份子。

了。像是如果整條街的人都把垃圾丟進我朋友叫的垃圾車，讓她自己最後根本就沒得丟，那她一開始又何必叫這台車呢？而如果她能預見這種情形，根本就不會叫車了！

如果說得更正確一點，搭便車其實還是有一點成本，雖然對社會來說，這點成本不算什麼，但如果太多人都想搭個便車，這些看來沒什麼的成本就會聚沙成塔，使得負擔沉重。過去在蘇聯就曾有過這種例子，莫斯科市民有免費的暖氣，結果民眾總是把暖氣開到最強，只靠開關門窗來調整溫度。

最近一次去匈牙利，讓我看到一個搭便車行為的變形，相當有意思。當地很多人還住在共產時期蓋的公寓裡，隔間牆很薄。現在這些公寓成為他們私有，而住戶也得自付電費和暖氣費。然而，住在比較靠裡面的住戶，到了冬天就可以搭個便車：因為牆實在太薄，靠外面的公寓的暖氣很快就會傳過來，這下子，裡面的公寓可真是暖和愜意！他們所搭到的「便車」，就是讓外面的公寓在無意間也付了裡面的暖氣費。

在政治學上，搭便車問題稱為「馬里布衝浪者」（Malibu Surfer）問題，這是因為在美國加州的馬里布海灘，有一群熱愛衝浪的人，成天衝浪，靠社會福利過活，搭著社會的便車。有人會說，這些馬里布衝浪客其實沒花到什麼資源，相對之下，有錢人為了維持富裕的生活，對生態的影響更大，耗費資源更多。但從反面來講，雖然幾個人在馬里布乘風破浪是沒什麼大不了，但如果幾千個年輕人都起而效尤，社會成本很快就會飆升。不管我們多羨慕那種看來自由自在的生活，社會雖然

可以養得起幾個搭便車的人，但多了還是不成。

並不是只有尋找刺激的年輕背包客才會搭便車。歷史學者吉朋（Edward Gibbon）講到他在牛津大學莫德林學院的導師，說這些人「親切而安逸，總是閒散的享受著創校者的禮物」，這可是為搭便車下了個完美的定義。

在澳洲，我們把這些人叫做bludger（揩油的人）。我年輕的時候，澳洲勞工階級就會用這個詞，來稱呼那些並未親手勞動的人，像是轉調去坐辦公桌，就會被看成是在逃避苦差事，引人輕蔑。澳洲女詩人休伊特（Dorothy Hewett）就寫過一句不朽的劇作台詞：「有油可揩，何必做工！」

我們身邊可能永遠擺脫不了這些揩油的人，但主要的問題在於不能讓人數超過控制。該怎麼做？方法之一，就是讓搭便車的風險和代價都愈來愈高。

曾經有一位祕書就做得漂亮。她同時負責我和其他幾位同事交代的工作，但有些人總到最後一刻才把事情丟給她。他們不事先規畫時間，而是到最後才搭了這個便車，把壓力都加在她身上。她的回應是在桌上貼了一張字條：「（你們）事先不規畫，（在我看來）不是急件的藉口。」因此，如果有個人有急件，她可能會幫忙，但第二個人抱著急件出現，就免不了一頓訓，甚至被拒絕。要是再跑出第三個人說有急件，不管有多資深，也肯定會遭到嚴厲回絕。她的策略相當有效，急件的數量也迅速減少。

另一種處理搭便車的方法，是改變獎勵結構，從根本上消

除搭便車的動機。我在澳洲曾和幾位社區住戶組成歡迎委員會，為社區裡的新住戶舉辦歡迎會，讓大家交流交流。而在我們幾位委員會成員的新年聚會上，就用到了這種處理策略。

我們的聚會地點是在一家中國餐館，席間忽然出現一位女士，說她很抱歉遲到了，接著就大剌剌坐了下來。我們事先並未告訴大家有這次聚會，但猜想她一定是新住戶，可能從別人那裡聽到了消息，所以起先不覺得有什麼不對勁。

直到她乾了幾杯我們提供的香檳、自己另外點餐大快朵頤，又悠哉的離開後，我們才發現她根本沒付帳！我們其餘的人湊齊的錢剛好夠付她的帳，但就沒剩下半點可以付給侍者他應得的小費。到頭來，我們沒付出什麼代價（侍者倒是有所損失），而學到了一場人生的教訓。我們商量了一下，討論如果又碰到這種情形該怎麼辦。

兩個月後，在一次定期的早餐咖啡聚會上，她居然又厚著臉皮出現了，這可是把理論付諸實踐的大好機會。喝完咖啡後，我們一一順利溜走，留下她替我們所有人付帳。從此之後，我們再也沒看到她了。

以上的例子可能看來不是什麼大事，但搭便車的行為不一定都是那麼無關緊要，有時候也有可能造成嚴重後果。全球暖化就是一個例子：何不繼續追求經濟利益，讓其他國家去負責減少碳排放就好呢？等到太多國家都用著同樣的邏輯，我們就都沉淪了（這裡是隱喻的用法）——等到海平面上升，大家可能還真的就沉在海底了。

現代社會中，搭便車的嚴重影響還有另一個例子：貪腐，而這還可能造成國家的動盪。這裡的「搭便車者」，指的是收受賄款或回扣的官員，他們把維護法律的責任都丟給其他官員，一旦有太多人都這麼想，貪腐便橫生到無法控制，他們所應監督的社會服務制度也就崩潰。可能也正是如此，讓彼得・尤斯汀諾夫＊曾作出這樣的評論：「貪腐是大自然讓我們恢復對民主制度有信心的方式。」

最後，我想提出中國作家穆愛萍（Aiping Mu，音譯）在著作《朱門》中提出的例子，她講到自己在文化大革命時的童年生活：

在「共產化的風暴」中，農民為集體經濟的努力不及過往為個人的努力，因為不管工作認真與否，獎勵都相同。另外，也沒有人願意花工夫去照料集體的資產。最痛苦的經驗就是在公共食堂吃飯，原本的用意是讓女性免於天天煮飯的辛苦，進而提升生產力、改善日常生活品質。結果正好相反。

農民受到宣傳的誤導，以為富裕的生活已然開始，可以大快朵頤……農民幾乎什麼都沒了，包括廚具和存糧……等到饑荒過去……有人估計，中國農村的死亡人數達到2300萬人。

＊ 譯注：Peter Ustinov（1921-2004），著名的英國演員兼作家，曾兩次贏得奧斯卡最佳男配角獎（分別以「萬夫莫敵」、「土京盜寶記」兩片）、受封為爵士，以及擔任聯合國兒童親善大使。

膽小鬼賽局

有時候我們會發現一種情形：先動的就輸了。對於這種情形，賽局理論家命名的靈感來自於電影「養子不教誰之過」（*Rebel without a Cause*），片中的主角吉姆（由詹姆士狄恩飾演）和巴茲（由柯瑞艾倫飾演）玩了一種叫做chickie run的死亡飆車，兩人分別駕著偷來的車，高速開向斷崖，誰先跳車就輸，會被叫成chicken（膽小鬼）。巴茲輸了，想先跳車，但諷刺的是他的皮夾克卡在車門把上，於是與車子一同墜崖身亡。

不願意因為先採取行動而輸，有時候反而會造成可笑的結果。海軍中校亞加沃（Gaurav Aggarwal）在海軍官校結業典禮閱兵的情況，就是個絕佳的例子。他和來訪的貴賓陸軍上將，兩人互相行禮到一半，動彈不得，兩人都希望對方先完成行禮，自己再把手放下來，最後是等到有一人因為情況太滑稽而露出笑容，才解決了這個困境。

面對常常碰到的膽小鬼賽局，「笑」的確是個不錯的解決方式。我曾經用笑容化解馬路上的火爆場面，那是在澳洲的鄉間路上，兩線道併成一線道，另一個駕駛和我都想搶先一步，結果差點撞上。我搖下車窗，用上我最純正的英國紳士腔說道：「您先請。」還附送一個笑容。他大吼著：「白痴啊！」然後揚長離去——但至少他就這樣開走了，而我那些澳洲朋友在後座咯咯笑得不亦樂乎，差點把車頂都給掀了。

以賽局理論的術語來說（請見方塊3.3），這裡的問題在於

有兩個納許均衡，各對一方有利：不退讓的那一方。兩人在只容一人通過的人行道上迎面相遇，其中一定得有一人退讓，踏進排水溝，兩人才能通過。就邏輯上和納許均衡來說，還是得要有人踏進排水溝（雖然這樣可能會搞得鞋子都是泥——輸掉了），才能解決這個問題。如果雙方都不願意，結果可能就會是大吵一架，甚至是大打一場。這種情形放大到國家層級，就可能爆發戰爭。

在政治上，這種情形有時候講得好聽些，稱為邊緣運用（brinkmanship）。但不論名稱為何，雙方都得面對這讓人不悅的選項。只要有人退讓，就會形成大大偏向另一方的納許均衡；但若是無人退讓，就可能造成毀滅性的結局。1962年的古巴飛彈危機，就差點上演這種慘劇，赫魯雪夫拒絕撤掉蘇聯部署在古巴的飛彈，而甘迺迪也拒絕解除美國海軍的封鎖，兩國都走到了核戰邊緣。

羅素（Bertrand Russell）在自己的著作《常識和核武戰爭》中，有一個著名的比喻，將兩位政治人物的作為比成青少年的互比膽量：

核武局勢陷入僵持時，東西方的政府便採用了杜勒斯先生〔艾森豪總統的國務卿〕所稱的「邊緣運用」策略。有人告訴我，這種策略其實是出自於一些年輕小混混的街頭消遣，他們稱為「比誰是膽小鬼！」（Chicken!）……如果只是一些不負責任的青少年在玩，雖然這遊戲胡搞又不道

膽小鬼賽局（game of Chicken）

先回到一對一的情境，來討論危險的膽小鬼賽局。這裡不是要為獎勵定出一個數值（這常常十分困難），而是要看看，在「好、普通、壞、最壞」的種種情境中，可能得到的結果為何。我們再以兩個人在人行道上迎面走來為例，對任一方而言，好的結果是另一方讓路，普通的結果是兩人互相讓路，壞的結果是自己讓路，最壞的結果則是兩人都不願意讓路。結果形成的矩陣如下：

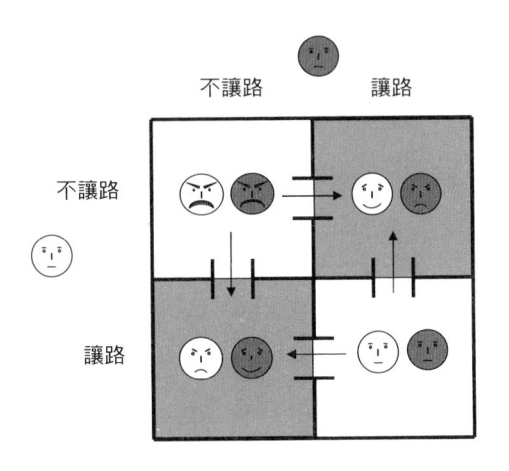

這裡不需要用數值表示，只要看臉上的表情就夠了。如同圖表上的箭頭顯示，有兩種可能的納許均衡，兩種都會讓其中一方滿意，而另一方不滿意。雖然兩種情形都好過雙方互不相讓（這可以只是人行道上的情形，也可能是古巴飛彈危機），但究竟該是誰讓路？如果雙方都讓，當然最好，但這得靠一點協調。

也請注意，鷹鴿賽局（Hawk-Dove）也會導致類似的策略及結果矩陣。這可能是我們會遭遇的最困難、也最危險的情境，有時候看起來完全無解。如果雙方只會碰上一次，可能還真的無解，但如我在第7章會提到的，如果雙方知道未來還有可能碰上一樣的情形，鷹鴿賽局就會有出人意表的解決方案。事實上，解決合作問題的時候，「是否將會多次互動」會是另一個關鍵。

德，畢竟玩的也只是他們幾個的命。然而如果是一票位高權重的政治人物在玩，就可能不只賠上他們幾個，還會把幾百萬的民眾也拖下水，但他們卻覺得自己真是有勇又有謀，都是另一方的政客罪該萬死。當然，這是胡說八道。會造成這種極度危險的情境，雙方都有責任。

人類並不是唯一會玩這種遊戲的生物，很多動物也都這麼做。生物學家會稱這為「鷹鴿賽局」，就是因為講到要爭奪食物、空間、配偶，或是其他不可分的資源，大多數的動物不是採取鷹派策略積極進攻，就是採取鴿派策略，先擺出進攻的樣子，接著掉頭逃跑。

在自然界，這兩種策略也分別對應為全力進攻和儀式性的虛張聲勢。當然，這是簡化的講法，但還是可以看出一些事實，特別是讓我們知道哪種策略比較高明。答案是：都不高明！後

來發現，要兩者搭配，才能得到「演化穩定策略」（Evolutionarily Stable Strategy，以長遠來看效果最好的策略）。對於個別動物來說，也就是要偶爾來真的，偶爾裝裝樣子；對於整個族群而言，就是有些成員負責來真的，有些負責裝腔作勢。

　　至於兩者的比例，常常是要看風險（在打鬥中受傷）和獎勵（贏得打鬥）的比例。公海象之間的鬥爭大多會採取鷹派策略，願意冒上受重傷的風險，這是因為只有贏家（海灘之王！）才有交配的機會。牛蛙之間也會採取鷹派策略，但理由是因為反正牠們怎麼打也死不了。相較之下，彎角羚羊、鹿、響尾蛇等動物如果都要真打，死亡的風險相當高，因此牠們便演化出儀式性的鴿派策略，做做樣子就好。

　　然而，很多時候同一個族群裡也會採取不同策略。像是蠍蛉，體型最大的雄蠍蛉相當好戰，能取得死掉的螽斯作禮物來取悅雌蠍蛉，交配成功的機率也最高。體型較小的雄蠍蛉，則只能用唾液做為禮物（還真難想到在人類世界有什麼相似的行為），交配成功的機會普普通通，但怎樣也比體型最小的雄蠍蛉強：牠們連唾液都分泌得不太夠，交配成功的機率低得可憐。賽局理論預測，這三種策略會在群體中達到平衡，事實也的確如此；如果較高階的蠍蛉相繼死亡，下一階級的蠍蛉就會把握機會改變策略，直到重新達成策略平衡為止。

　　對於個體而言，理論上也是採取混合策略最好：有時候做做假動作，有時候則是來真的，拳擊手和相撲力士都是如此。賽局理論告訴我們，混合的比例是看風險和獎勵如何平衡，而

且也不能老是做假動作，否則總有一天會被看穿。像是拳擊，幾次佯攻策略之中應該要摻雜一次真正的出拳，對手在這種情況下，必須時時防備，以防萬一。倘若總是裝裝樣子而不真正出擊，對手一旦看穿，就會毫不留情，全力進攻。

不過，威脅要有效，必須先做到「可信」。我最近在超市看到一位太太對著不聽話的小女孩大吼：「再不馬上給我過來，我就把妳宰了！」小女孩則完全展現將來成為賽局理論家的潛力，看著媽媽的眼睛，說：「最好是啦。」然後繼續我行我素。小女孩知道這個威脅不可能成真，而媽媽也應該要體認這項事實，並改採一些更為可信的威脅。

缺乏溝通也可能降低可信度，而使得威脅無效。電影「奇愛博士」（*Dr. Strangelove*）可以做為例子。片中，蘇聯有一部末日機器，只要受到美方攻擊，就會自動還擊，而蘇聯也就相信這樣的威脅恫嚇力已經夠了。諷刺的地方在於，片中蘇聯根本還沒來得及告訴美方自己有這種機器，美方的瘋狂將領就已經發動了核戰，如此一來，威脅無從達到可信，於是根本沒效。

換個不那麼嚴重（也不那麼重）的例子：耶魯大學的賽局理論家奈爾巴夫（Barry Nalebuff）曾經設計一個實驗，替一群過重的人拍下緊身泳裝照，並威脅他們，如果沒在兩個月內瘦下八公斤，就會讓這些照片上電視，也會在網路上發布。這種威脅聽起來就可真是煞有其事了。

這種威脅之所以特別有效，是因為受試的節食者自願讓自己沒有什麼其他選擇，這就可以證明有破釜沉舟的決心。

舉例而言，英國曾有一位民眾，抗議有人要在具有特殊科學意義的地方開路，於是將自己銬在推土機下面，真真切切的用生命威脅，推土機一動，他就沒命了。要是對方還是不受威脅，開動推土機，他也沒有別的選擇，只能實現威脅，犧牲生命，而這正是「限制自身選項」的重點所在。同樣的，柯爾特斯*在1519年4月21日率領八百人的西班牙艦隊，抵達今日的墨西哥韋拉克魯斯（Veracruz），上岸之後，他就下令將船全數毀去，展現只能前進、不能後退的決心，而在一旁監視的阿茲特克人，也接收到了相同的訊息。

然而，也不一定要到那麼極端的時候，才用得上「限制自身選項」的策略。像我寫到這一段的時候，正坐在要起飛的班機上，心裡十分清楚，只要飛機在跑道上滑行到一半，就再也沒有回頭路，所以機師只有兩種選擇：如果起飛不成，就會墜機。聽起來是有點可怕，但還比不上澳洲摩托車賽車手麥迪遜（Robbie Madison）的決心：他在2007年的新年，在拉斯維加斯打破了摩托車飛車跳躍的世界紀錄，起跳的速度大約時速160公里，完全無法回頭。

第6章還會再回來談「限制自身選項」的策略，但想從膽小鬼賽局中平安抽身，其實有個更好的辦法：雙方應設法協調行動，同時脫離險境，並保住面子。這也正是甘迺迪和赫魯雪夫在古巴飛彈危機中的做法：赫魯雪夫撤下飛彈，而甘迺迪也

---

* 譯注：*Hernán Cortés*（1485-1547），西班牙軍人，入侵並征服阿茲特克帝國，將該地命名為新西班牙，即今日的墨西哥。

同時解除封鎖，並撤除美國部署在土耳其的飛彈。

只要能夠溝通，就會有協調的空間。的確，溝通正是各種策略協調及妥協的關鍵，而問題就在於如何尋得溝通管道。這可能十分困難，特別是碰到多人膽小鬼賽局的時候。

自願者困境

自願者困境，指的是在群體的處境中，第一個站出來的人會犧牲，而其他人則得到好處——然而，如果都沒有人願意站出來，最後就是人人皆輸。賽局理論家常用的例子有幾個：船上必須有一人跳船，否則船就會沉；共同犯下的錯，要有一人承擔，否則就是全體受罰；以及在海勒（Joseph Heller）的小說《第22條軍規》當中，飛行員約瑟連（Yossarian）拒絕執行自殺任務（「如果人人都這樣想呢？」「那我不這樣想，豈不就是個白痴？」）

住在阿根廷火地島的亞根印第安人（Yagán），有一個字真是再貼切不過，叫做：mamihlapinatapai，意思是「雙方望著對方，希望對方去做一件彼此都希望能完成、但又不想自己做的事」。1993年版的《金氏世界紀錄》便將這個字列為所有語言中「最精練」（most succinct）的字，可以用在許多情境，像是兄弟姊妹之間該由誰去洗碗或倒垃圾，或是一群牛羚要如何渡過有許多鱷魚虎視眈眈的河流。

自願者困境（Volunteer's Dilemma）

自願者困境（或說mamihlapinatapai）代表多人的膽小鬼賽局。如果有人自願，除了自願者之外的其他人都能得利，但如果無人自願，就是人人皆輸。這裡的利益關係矩陣，看起來和「公共財悲劇」的矩陣相當類似：

所有其他人

		有別人行動	沒有別人行動
我	行動	利益扣掉成本	利益扣掉成本
	不行動	利益（不需耗費成本）	重大損失

然而，裡面有一項重大不同：作弊而「不行動」的策略不再具有優勢。雖然如果有其他自願者就沒關係，但要是都無人自願，就可能造成重大損失，這就是其中的難處。

賽局理論家將「自願者困境」視為「囚犯困境」的多人版本（或是多牛羚版本），以多重的納許均衡來討論（請見方塊3.4）。我在澳洲曾有一次體會。

　　我家下面的山谷燃起野火，火勢蔓延迅速，當下我的第一個反應，是要衝出去灑水在屋子上，而希望有哪個鄰居會先打電話報警，再出來灑水在他的屋子上。但事實是，有不少鄰居（也包括我）都先打給消防隊，才出來灑水。（其實，當時我太太從樓上窗戶大叫說山谷裡失火了，我還先嚷著：「是啊，看起來超壯觀的，對吧？」「你還不打電話給消防隊？」「喔，也對〔停頓一會〕。其實我已經打了。」她到現在還在怪我不該開這種爛玩笑。）

　　就當時的火勢來看，如果我們都決定讓別人去報警，可能大家的屋子都會燒個精光，而不會有四台消防車、兩架直升機及時趕到，提供協助（還真的每台都用上，才阻擋了火勢！）。

　　渡河的牛羚也會面臨類似的問題。河裡的鱷魚都已經在等著了，率先下水的牛羚恐怕不會有什麼好下場，但在這之後，因為鱷魚嘴裡還咬著已經犧牲的大無畏同伴，後面跟上來的牛羚平安過河的機會於是大增。然而，若是沒有牛羚願意率先下水，整群牛羚便無法渡河到對岸的草地，只能在此岸餓死。我們人類也一樣，都會像這樣需要有自願者，而重點就在於要具備有力的暗示。那些奮勇犧牲的牛羚其實也不想先下水，而是站在河邊緊張等著，直到後面來的壓力讓牠們不得不下水。這就是暗示。

如果我們因恐懼而退縮不前，傷害到的可能是別人。在1964年，紐約市的一位年輕女性吉諾維絲（Kitty Genovese），在她位於秋園*的公寓中庭，遭到歹徒刺殺身亡，當時有三十八位鄰居親眼目睹，但無人願意冒著受傷或生命危險挺身相救。

　　事實上，要當個自願者，所需要的勇氣可能已經不下於英雄氣魄。像是越戰期間，美國一位上士拉伯（Laszlo Rabel）率領著一排步兵弟兄，忽然有一枚手榴彈丟進他們的排裡，如果沒有人有所作為，都希望別人趕快做點什麼，全排的弟兄可能就會傷亡慘重。拉伯挺身而出，整個人撲到手榴彈上，犧牲自己的生命而拯救了同袍。

　　我們身邊隨時會碰到「自願者困境」，而如果自願者還得要代表他人，就更是另一種壓力。想像一下自己身處於一個遭逢大旱的發展中國家，現在有一輛卡車正在發送賑災糧食，而你剛好站在最有利的位置。你是否願意讓開一步，好讓所有糧食能依序公平發放？又或是你會為了挨餓的家人，不顧公平與否，能搶多少就搶多少？這就是現實生活中的自願者困境。

　　幸好，我們並不需要常常展現英雄氣概，或是犧牲自己到這種程度，但是拿比較常碰到的情形來說，又要如何挑選出誰該自願呢？這個問題是要在兩個以上的納許均衡中作選擇，都

---

* 譯注：Kew Gardens，位於紐約皇后區的一個社區，是十九世紀末到1950年代間，皇后區規畫的七個花園社區之一。二次大戰後有許多猶太移民居住，後來也吸引許多各國移民至此區居住，房舍以公寓為主。

是有一方吃虧、其他人得利。

賽局理論家龐士東（William Poundstone）曾提過一項實驗，可以看出最佳解決方案有多難找，同時也可一探人類貪婪的真相。這個實驗是由《科學》（*Science*）雜誌在1984年10月號所做的，他們刊出一篇關於合作的文章，而在文章旁邀請讀者寄回函給雜誌社，索取20或100美元的贈禮。活動規則是：如果所有寄出回函的人當中，索取100美元的不到兩成，那麼所有人都能得到自己索取的金額；但若超過兩成，就統統一毛也沒。

雖然最後雜誌編輯害怕會傾家蕩產，所以決定不要真的付錢，但其實他們也不用太擔心，因為讀者回應中，有35%來索取100美元，同時又希望自願只索取20美元的人夠多，能讓自己撈上一筆！

在這個例子裡，參與者只能猜測其他人會怎麼做；而如果有任何暗示，可以讓所有參與者發現，其中一個納許均衡比其他情況都來得好，這個納許均衡就稱做「謝林點」（Schelling point）。

「謝林點」的發明者，是諾貝爾經濟學獎得主謝林（Thomas Schelling），他對「謝林點」的描述是：「每個人在面對其他人期待自己怎麼回應他們的期待時，心中所產生的那個期望。」

想找出「謝林點」，線索可能會在某些社會慣例，像是女士優先、等公車要排隊、或是下飛機的時候等走道上的人走完再起身。人跟人交談的時候，也可以看到「謝林點」的作用：

正在說話的人可以視為納許均衡中得利的一方，而交談中的停頓則是可以讓其他人開始講話，好輪流成為得利的一方。

關於願意合作、但無法順利溝通的各方而言，「謝林點」就會是解決合作問題的關鍵。謝林自己提出的例子是，有兩個人約好某天要在紐約市見面，但兩個人都不知道確切的時間地點。他拿這個問題問了一群學生，大多數人的回答都是：「中午到中央車站的服務台等等看。」中央車站長久以來都是個著名的見面地點，也讓它自然而然成為這種情形下的「謝林點」。

我也聽過真實的案例：有兩位同事約了某天要在巴黎見面，但都不記得確切的時間地點，其中一位先去了艾菲爾鐵塔，然後想起另一位很喜歡逛教堂，最後兩人終於在下午六點在聖母院大教堂碰上了面。

想找到「謝林點」，必須依賴各種明顯或不明顯的線索，然而如果有假線索，也會造成問題。

例如前英國首相柴契爾夫人，就因為在受訪的時候時常拋出假線索而聞名；她說話時的停頓，會久到讓採訪記者以為已經可以問下一個問題，但記者一要開口，她又已經接話下去，讓記者沒有提問的機會。心理學家比帝（Geoffrey Beattie）認為，這可能是來自於她早期所受的演說訓練，要「在強調的音節上拖長……子句結尾則要語調下降」。而在其他心理學家看來，這兩項特徵在一般會話中，正代表著可以換人講話——也就是「謝林點」。

我也做過一項實驗，在擁擠的街上對迎面而來的人放出假線索，暗示他們我要向某一邊靠，但其實靠向另一邊，看看他們對這種假線索能忍受多久。我的做法是先觀察對方想向哪邊靠，然後自己靠向同一邊（但一定要掛著一副傻笑，預防被扁），持續這項過程，直到發生某些事件化解僵局為止。

　　我的最高紀錄出現在東京（那邊的人真是非常有禮貌），總共連續左右來回了17次，而最低紀錄則是在倫敦，僅僅來回3次之後，那位穿著直條紋西裝的紳士就說：「你可不可以XX的先想好要走哪邊啊！」但也是有很愉快的例子——我在雪梨的一間酒吧外面做這個實驗，一不小心就挑到了一位年輕美麗的小姐，幾次來回過後，她開口說：「這樣吧，既然我們都過不去，不如一起進去喝一杯？」

　　我的實驗可以看出社交情境下各種線索的作用。但如果沒有線索，又該如何？我們還有什麼可用的策略？

　　答案之一，就是不要假設其他人是理性的，而要假設他們偶爾就是會犯錯，這就是賽局理論家所謂的「顫抖的手」假設（"trembling hand" assumption），如此一來，就可以刪去一些不確定別人是否會犯錯時的選項，方便做出選擇，避免危險。以發生在我家附近的野火為例，因為還是有極小的可能，所有鄰居都沒有理智到先打給消防隊，所以這時如果要假設已經有人打電話給消防隊，其實風險非常高。正因如此，我才會決定不論如何，自己先打了再說。

兩性戰爭

有時候，兩個選項都不錯，要選擇還真是不太容易（特別是如果兩者都牽涉到納許均衡的時候）。太太和我就曾經面對這種問題，不知道如何分配我們住在英國和澳洲的時間。很多人或許很樂意有這種問題，可以整年追著太陽跑，分別享受英國和澳洲的春夏季節，而且兩邊都有很多朋友。有人說我們夫妻是「幸運的兔崽子」，或許也沒說錯，只是我們還是會碰上難題，如方塊 3.5 所談到的。

問題就在於，我太太溫蒂是英國人，希望常常待在英國，偶爾去一下澳洲，而我則想長住在出生地澳洲，再三不五時拜訪一下英國。偏偏我們兩個又想住在一起，覺得不管住英國還是澳洲，住在一起總比相隔兩地來得好。兩種選項都是納許均衡——我們該怎麼選擇？最佳方案為何？

我們碰上了賽局理論家目前為止發現最難以捉摸、引人發火又一頭霧水的困境。這叫做「兩性戰爭」，但講的並不是男女對決，而只是因為最初提出的時候所舉的例子：老公想和老婆去看球賽，老婆卻想和老公去看電影。比較好的名稱（但聽起來可能沒那麼響亮），可能是「要選不公平，還是要成效差」（Unfair or Inefficient），因為賽局理論提供給我們的選項，是在「不公平的」方案與「成效差的」方案當中二選一。

太太和我一開始的決定（完全只是直覺判斷，直到我們想出更好的辦法為止），就是兩地輪流住，住在英國的時間比半

兩性戰爭（Battle of the Sexes）

其實，「兩性戰爭」這個名稱定得並不好，因為這其實算不上什麼「戰爭」，而是要在兩個都滿合理的納許均衡中作選擇，好讓兩方達成選擇共識。這有點像是「膽小鬼賽局」，只是不會有什麼災難性的下場。下圖呈現賽局理論家最愛的例子：一個想去看球賽，一個想看電影：

「兩性戰爭」和「膽小鬼賽局」的重要差異，在於這裡的兩個納許均衡分別跑向左上和右下，代表雙方其實都不反對這些決定。問題在於，究竟該選哪個？如果雙方能夠溝通，就能丟銅板決定，而且對於最後結果，雙方也沒有作弊的動機。（這種隨機選擇是混合策略的好例子。）如果雙方沒有溝通管道，就只能猜測對方很有可能怎麼做。

年稍長，其他時間則住在澳洲。我們之所以沒有直接切成半年，是因為我住在英國也有些好處，方便完成我大多數的寫作和廣播工作。但無謂如何，這樣的分法還是不公平，因為不管我們選擇住在哪裡，都有一個會想住在另外一地！

我們最後的辦法，是列出不同選項分別對我們兩人有何優缺點，試著找出其中的平衡點，有點類似成本效益分析，要在個人及夫妻的利益中取得最佳平衡。

演化論之父達爾文也這麼做過，用一張表列出所有優缺點，好決定要不要向表姊艾瑪求婚。在結婚的好處那一欄，他寫了：「可疼愛和賞玩的對象。總之，比狗來得強；家庭，有人做家事；有音樂，也有和女性閒聊的樂趣；沙發上有溫軟動人的太太，暖和的爐火，或許還有書和音樂的陪伴。」相對的，單身漢的好處那一欄則是：「可以參加聚會和聰明的人聊天；不用被逼著拜訪親戚，還得吃一堆鬆糕點心；沒有焦慮和責任；有錢可以買書。」

但關鍵性的論點則是：「天啊，想到得一輩子像隻無性的蜜蜂一樣工作、工作，到頭來什麼都沒有。不，不，不能這樣。」他的結論是：「結婚吧，結婚吧，結婚吧，故得證。」和太太結婚已經二十年了，我完全同意這個結論，只不過理由不完全一樣就是了。

碰到兩個納許均衡的時候，運用成本效益分析來作決定，還是會有問題：成效實在不太好。

像太太和我的例子，我們決定我比她早幾週去澳洲，再晚

她幾週回英國，犧牲幾週待在一起的時間，好讓兩個人都在喜歡的地方多待一會。雖然我還是寫了不少東西，卻不怎麼喜歡自己一個人過日子，而她在到澳洲和我會合之前，則是成天都在打掃我們在英國的家。我們採用的混合策略讓我們達到納許均衡，但兩人卻都不是很滿意。如果採用「單純」的策略，得到的結果可能還好一些。

然而，有人找到答案了，這個人就是具有以色列和美國雙重國籍的賽局理論家奧曼（Robert Aumann），他和謝林共同獲得 2005 年的諾貝爾經濟學獎，得獎原因是「透過賽局理論分析，提升對於衝突及合作的認識」。

奧曼對於「兩性戰爭」困境的解決方式，是讓兩方同意以隨機方式來決定策略，例如丟銅板或是抽籤。像我們夫妻就是丟銅板，事先講好，擲出正面的話，我就在英國待久一點陪她，反面的話她就早點到澳洲陪我。

這種方式讓我們兩個都好過多了。奧曼將這稱為「關連均衡」（correlated equilibrium），用相當簡潔的方式，讓雙方的選項產生關連。雖然看起來不過就是丟個銅板來解決問題，但奧曼所提出的方案其實是個比「納許均衡」更有力的概念。

在某些「膽小鬼賽局」中，雙方因為自身利益而陷入僵局，無人願意退讓，眼看就要同歸於盡，但在奧曼的巧妙概念中，正可以利用自身利益來解開僵局。關鍵就在於雙方要同意以某種方式隨機選擇策略，由不具利害關係的第三方選擇之後，私下告訴兩方要怎麼做，但不要告訴他們這個策略對另一

方有何影響。原則很簡單，但實際執行起來可能還是有點難。

獵鹿問題

　　最後一個是「獵鹿問題」（請見方塊 3.6）。賽局理論家斯卡姆（Brian Skyrms）認為，與其說這是囚犯困境的問題，不如說是社會合作的問題。「獵鹿問題」的名稱，來自法國哲學家盧梭講過的一則小故事：有一群村民去獵鹿，「每個人都知道，如果想成功獵到鹿，每個人都必須堅守崗位。但假如碰巧有隻野兔從其中某人眼前跳過，他一定毫不猶豫追上前去；只要抓到了兔子，即使同伴獵不到鹿，他也不會太在意。」

　　盧梭認為這個故事是個隱喻，講的是社會合作和個人自由之間永遠存在的緊張關係。他講到了個人和國家的社會契約，認為「真正的自由，是放棄部分的個人自由，好讓全體都擁有自由」。應用到獵鹿問題上，就是每個人放棄抓兔子的自由，一起合作來獵捕更大的、但不一定獵得到的鹿。

　　斯卡姆將這個道理和許多社會（尤其是民主社會）的運作方式作比較，結論發人深省：「要怎麼建構或改善社會契約，這個問題可以想像成是在問：要如何從一個沒有風險的獵兔均衡，轉變成一個有風險、但報酬高的獵鹿均衡。」

　　「獵鹿問題」一開始看起來是個白痴問題：合作能得到的好處比作弊大太多了〔賽局理論也將作弊稱為「背叛」

獵鹿問題 (Stag Hunt)

「獵鹿問題」就像是「囚犯困境」的反面：最佳的納許均衡是各方「合作、合作」而不是「作弊、作弊」。聽起來挺完美的，但我們來試試看，把咱們的伯納德和法蘭克從牢裡放出來獵鹿，看看實際上會有什麼情形：

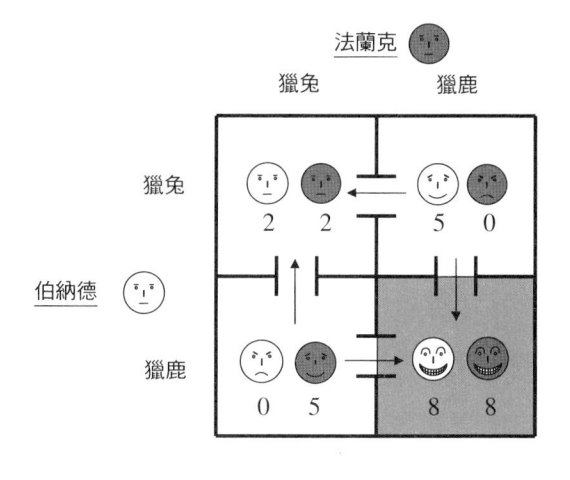

很明顯，右下角形成納許均衡，雙方都沒有作弊的動機——除非他相信另一人可能作弊。如果一方作弊，另一方的最佳選擇就是跟著作弊。至於多人的版本，應該可以不用再特別說明，但值得一提的是，這種情形其實十分常見。

（defecting）〕，所以當然應該合作追求較大利益。這剛好和「囚犯困境」完全相反；「囚犯困境」中，不論他人如何作為，個人作弊能得到的好處總是比較大，而「獵鹿問題」裡真正在搞亂的部分，其實就在於「風險」。

「囚犯困境」的重點在利益；換言之，獎勵是最大考量，人會選擇獎勵最多的策略。然而「獵鹿問題」的重點在風險，選擇策略時可能會偏向風險最低的策略。

寫這個章節的時候，我正巧看到了「奇異恩典」（*Amazing Grace*）這部電影，可以說明風險導向的策略。片中描述英國政治家威伯福斯（William Wilberforce）如何努力使英國廢除奴隸制度。當時許多政客老早就可以支持廢奴，讓法案迅速通過，但因為很多選民都是奴隸交易的既得利益者，政客害怕惹惱他們，所以一定要等到有夠多人站出來才敢發聲。這些政客的這種投票策略就是風險導向，要盡量減少對自己政治生涯的風險。

龐士東在他的著作《囚犯困境》*則提了一個較近的例子。1989年，美國總統老布希提出憲法修正案，要將焚燒國旗定為聯邦犯罪，法案交付參議員投票表決。龐士東寫道：「反對法案的人，多半是因為覺得這項法案侵犯意見表達自由。但同時他們也擔心，如果投下反對票……對手會給他們貼上『不愛國』的標籤。」

* 編按：*Prisoner's Dilemma*，中文版由「左岸文化」出版，書名譯為《囚犯的兩難》。

現在這個世界上，許多人的生活環境裡隨時都存在著這種獵鹿問題，特別是要如何保障個人自由、意見表達自由，甚至是私人談話的自由。

舉例而言，我最近造訪西藏，發現完全沒辦法和任何西藏人自由談論西藏問題，因為他們擔心，談話的內容、甚至只是「和一個西方人講話」這件事，都可能遭到鄰居檢舉。這裡要獵的「鹿」就是說話的自由，而「兔」則是偷偷監視和檢舉鄰居所能得到的獎勵。在當地，「分而治之」的策略之所以成功，就是因為這是「獵鹿」情境下的風險導向策略，即使現在我們有了賽局理論這項工具，也很難撼動這種結果。

如同斯卡姆所言：「關於賽局理論要如何將獵兔轉向獵鹿，最新發展仍然相當不樂觀……要讓獵兔人轉為獵鹿人，每個人都**必須改變自己對他人可能會怎麼做所持的想法**。但賽局理論一般是奠基於理性選擇之上，並未討論如何或為何會有這種心態上的轉變。」

真正的重點，其實不只是要讓個人改變自己對他人的想法，更是要研究如何讓一整群人，以協調的方式來達到這個目標。不過，這還只是第一步，接下來得要說服這些人堅持新立場，不要再改變心意。

這是合作的第二項重要問題。（還記得嗎，第一項重要問題就是：合作的困境由何而生。）以下章節就要來討論，面對各種作弊的誘惑，究竟該如何抗拒誘惑，達成合作。

第4章
剪刀、石頭、布

　　我研究的第一個自動運作策略，靈感來自於小孩玩的猜拳遊戲「剪刀、石頭、布」。這個遊戲世界聞名，只是各國用的名字不太一樣，我最喜歡的一個來自日本，用的是「村長、老虎、村長的媽媽」。其他還有「蛇、青蛙、蛞蝓」（日本），「大象、人、蟑螂」（印尼），「熊、人、槍」（加拿大），還有「熊、牛仔、忍者」（大概只有在美國的密爾瓦基市會有人這樣講！）。

　　不論名字為何，這個遊戲並不限於兒童遊樂之用，就算是成人，也會在無法達成共識、或將一切交給命運決定的時候，來猜個拳。

　　據說，1781年英軍在美國的約克鎮（Yorktown）戰敗後，美國國父華盛頓和英軍指揮官康沃利斯侯爵*及法國元帥羅尚博伯爵**，一起在康沃利斯侯爵的帳篷裡簽署英軍降書，最後

---

* Lord Cornwallis (Charles Cornwallis, 1st Marquess Cornwallis)，1738-1805。
** Comte de Rochambeau，1725-1807。

就是用猜拳來決定出帳篷的先後順序。（故事裡是羅尚博伯爵贏了，因此有些地方依舊把猜拳叫做「羅、尚、博」[Ro-Sham-Bo]。）

比較近的例子是，佛羅里達州曾經有兩位律師為了該在哪裡傳詢證人，僵持不下，最後法官命令兩人猜拳解決。但這兩位律師的事務所根本就在同一棟大樓裡，只差四樓而已！

在律師的這個例子裡，需要有外部的權威人士來執行決定，但賽局理論家發現，如果引進第三方，就會使得賽局本質完全改變，而不再需要有外部權威人士介入。原因在於，三個參與者的策略會自然形成平衡，不會由任一個策略主導。自然界就是運用這種平衡，讓物種維持多樣性，各有生存的策略。賽局理論家已經證明，我們可以運用類似的平衡，減少「搭便車」困境中的作弊情形。以下就要檢視這些平衡由何而來，又能夠如何實際運用。

猜拳贏了，生意就是你的！

先從兩人的猜拳遊戲講起。大部分人都很熟悉猜拳規則：雙方在彼此都了解的時點，同時伸出右手，作出代表剪刀（伸出張開的食指和中指）、石頭（握拳）或是布（手掌張開）的形狀。如果雙方比出的手勢一樣，就是平手，否則，石頭會把剪刀弄鈍、剪刀能剪布、布能包石頭，所以石頭贏剪刀、剪刀

贏布、布贏石頭，再簡單不過了。

猜拳是一種零和遊戲，例如假設贏了加一分、輸了扣一分、平手是零分，在遊戲結束後把所有人的分數加起來，一定為零。對賽局理論家而言，這代表著一件事：採取「大中取小」原則，就能得到最佳策略。這樣一來，直覺就能得到一個明顯的結論：在不知道對手意向的情形下，最好的方法就是採取混合策略，隨機出剪刀、石頭或是布，三者平均分配。假如雙方都這麼做，輸贏或平手的機率就會相同。

猜拳遊戲之所以具有吸引力，是因為雙方在心理上都覺得自己有所選擇，具有主導權。這也代表著，如果能算到對手會出什麼，就穩贏不輸。

幾年前，日本Maspro電工公司的社長橋山高志（Takashi Hashiyama）打算拍賣該公司收藏的印象派畫作，但無法決定要交給佳士得還是蘇富比來承辦。於是橋山社長要兩家拍賣公司自己決定，由誰來拍賣這批價值連城的收藏，而在電子郵件中，橋山社長「建議用像是『剪刀石頭布』的方式來解決」。

兩家公司有一個週末可以決定該出什麼拳，但兩邊採取的策略截然不同。蘇富比表示他們「沒想太多」，於是出了布，可以想見他們認為佳士得會出石頭。但最後是由佳士得勝出，因為佳士得藝術品拍賣部門主管麥克萊恩（Nicholas Maclean）的11歲雙胞胎女兒芙羅拉和艾莉絲，提出了她們的專業建議；艾莉絲解釋說：「每個人都會以為別人要出石頭。」所以要贏就要出剪刀。

或許這對雙胞胎看過某集的「辛普森家庭」，在那一集當中，霸子（Bart）心想：「石頭又硬又堅固，天下無敵！」但當然還是被麗莎（Lisa）看穿了。事實上，蘇富比真的是運氣不佳，因為就統計上而言，他們的確選擇了最佳的策略。就統計期望值而言，出剪刀的機會應該是33.3%，但過去比賽中的數據顯示，實際上出剪刀的百分比只有29.6%，比其他兩種都低，也代表著出布的次數可以稍微多一點。除此之外，完全隨機出拳仍然是最佳策略。*

三人猜拳的微妙平衡

　　事實上，蘇富比的做法完全合理，因為他們無法預知佳士得要出什麼。但如果帶入第三方，情形就大有不同了，以我親身的例子，就是上次教我五歲的孫子玩猜拳。他媽媽和我先玩給他看，他想了想，就很得意的大聲說：「我以後都要出石頭！」這樣一來，不管誰跟他玩，都是穩贏不輸。然而，等到三個人一起猜拳，情況就有所不同，他先宣布了要出石頭，就代表他媽媽和我永遠沒辦法打敗對方。舉例來說，如果我出布，她可以出剪刀來贏過我，但就會輸給他的石頭，形成和局。

---

* 隨機出拳唯一的問題，在於實際上很難真的「隨機」。大部分的人最後都會產生某種模式，而優秀的對手就能看出這種模式。為了克服這個問題，我想出一種沒有對手可以猜測到的隨機出拳策略，就連我自己也沒辦法在不同猜拳場次中預測得出來。我用線上電腦程式測試了這個策略，結果相當成功。（詳見本章最末「猜拳不敗法則」。）

數學家會說猜拳遊戲具有一種「非遞移」（intransitive）的本質，造成三種結果彼此之間平衡的張力。換言之，石頭贏剪刀、剪刀贏布，並不代表石頭贏布，反而會因為布贏石頭，而讓三者形成無限的循環。

自然界中，某些物種也會採取不同的傳宗接代策略，彼此形成非遞移的平衡狀態。例如加州側斑蜥蜴（side-blotched lizard）就是個有趣的例子，雄性的喉部會呈現出橘色、黃色或藍色。橘喉蜥蜴採用侵略策略，地盤範圍大，地盤內有許多雌蜥蜴。黃喉蜥蜴則採用偷偷摸摸策略來反制，趁著橘喉蜥蜴一不注意，就溜進去橘喉蜥蜴的地盤和雌蜥蜴交配。但黃喉蜥蜴的策略又會被藍喉蜥蜴破解，因為藍喉蜥蜴生性妒忌，而且設下的地盤較小、後宮嬪妃少，陌生蜥蜴休想暗地偷情。然而，橘喉蜥蜴又會直接侵略藍喉蜥蜴的地盤，掠奪藍喉蜥蜴的妻妾。如此一來，三者間形成美麗的對稱，與「剪刀石頭布」有異曲同工之妙。

對這三種蜥蜴來說，放棄自己的策略而改用別人的策略，一點也沒好處。例如假設橘喉蜥蜴採用了黃喉蜥蜴偷偷摸摸的策略，就永遠無法打敗藍喉蜥蜴，那麼藍喉蜥蜴很快就會稱王；橘喉蜥蜴也沒辦法採用藍喉蜥蜴的策略，因為這代表黃喉蜥蜴就會快速改用侵略的策略，快速取得優勢。

每種蜥蜴其實都是因應另外兩種蜥蜴的做法，而採取了最佳策略，換言之，演化已經為每種蜥蜴都準備了最佳策略，用以回應其他兩種蜥蜴的最佳策略，而形成平衡狀態。最後的結

果就是，雖然三種蜥蜴的數量有消有長，但長期看來大致都各占三分之一，這也是最好的結果。

像「剪刀石頭布」的這種自然平衡情境，不只出現在蜥蜴身上。史丹佛和耶魯大學的研究者發現，生存在同一環境下的不同細菌之間，也正因為這種情境，而能保有生物多樣性。這裡講的細菌是大腸桿菌，可以在人類的消化系統中找到。

研究人員在培養皿裡混合了三個族群，其中A族群能產生天然的抗菌物質「大腸桿菌素」，但本身對這種抗菌物質免疫，就像蛇不會被自己的毒液毒死；B族群對大腸桿菌素很敏感，但生長的速度比C族群快，而C族群則能夠抵抗大腸桿菌素。結果就是，三個族群在培養皿裡各據一方，A族群能殺死附近的B族群，B族群則靠著生長速度來排擠C族群，而C族群又再靠著自己的免疫力來排擠A族群！

這種能在幾個不同策略之間自動運作的平衡，已經證明是生物多樣性的重要原因。可是，只要有其中一種物種消失，使得該物種賴以生存的策略連帶消失，與其他策略之間的平衡也就不復存在，最後只會有一種物種存活。

舉例來說，如果橘喉雄蜥蜴忽然消失，黃喉雄蜥蜴偷偷摸摸的策略無法打敗藍喉雄蜥蜴的防禦策略，於是很快就會跟著絕跡，最後只剩下藍喉蜥蜴獨大。同樣的摧毀過程也可能發生在植物群集之中：只要有一個物種消失了，其他物種也很快會跟著消失。「剪刀石頭布」的情境中，每種策略都是對另外兩種策略的最佳回應，而能維持其間的平衡。

以「自願退出」做為第三種策略

自然界中，「剪刀石頭布」的情境，代表沒有策略能占有絕對優勢。賽局理論家主張，同樣的方式也能解決「搭便車」問題，以免這種侵占公共資源卻不貢獻的作弊策略成為主流，而使得合作、貢獻的策略在沒有其他協助（例如社會觀感）的情況下，不受青睞。

在我家附近的幼稚園，我曾經見過作弊這件事轉眼占盡優勢。有個新來的孩子，在家從來沒人教他玩完玩具要收好，都是由溺愛孩子的爸媽來收，於是等到全班該一起收玩具了，他並沒照辦，而是作弊：繼續玩他的。很快，其他孩子也有樣學樣——如果他都可以玩，為什麼我們不能玩？當時老師沒能制止這種情形，等到家長都把孩子接走了，整間教室天翻地覆，玩具丟得滿地。

除了違法體罰之外，老師有沒有其他辦法可以採用？賽局理論家會說，的確有辦法，只要吸取「剪刀石頭布」的精神，帶入第三種策略，贏過作弊策略、但又輸給合作策略即可。一種可能的辦法是先讓所有孩子停止玩玩具（例如先去吃個冰淇淋），再告訴他們，先把玩具收好的，就會有額外獎勵（例如可以再多吃一些冰淇淋）。

這種做法究竟行不行得通？至少我試用的時候效果不錯。

有一次在小孩子的派對上，我得扮成小丑這種大傷體面的裝扮，完成一項艱巨的任務：在小孩都還想玩的時候，讓他們

別再玩了，把東西都收好。我先告訴他們，只要肯停下來不要再玩，就能吃到淋著巧克力醬的特製冰淇淋；另外，如果肯先把玩具收好，還能得到額外獎勵：可以拿水球砸我一次。有的小孩還是照玩不誤，有的則只想吃冰淇淋而懶得先去收玩具。不過，大部分小孩都把玩具收了，就想把我搞得一身濕答答。

我在這裡提出第三種策略，讓小孩除了繼續玩（作弊）以及收玩具（合作）之外，還能有其他選擇，也讓原先的兩種選項建立起全新的平衡關係；我的孫子在三人猜拳情境下採用的「只出石頭」策略也是如此，逼得他媽媽和我都無法打敗對方。

賽局理論家將這些第三種策略，稱為獨處者（Loner）策略或是自願者（Volunteer）策略（我們也可以把它稱為「退出」策略）。採用這種策略的效果是：「有人自願，可以緩解社會困境：不讓背叛者〔賽局理論家用來稱呼作弊的人的用語〕為所欲為，而能達到合作者、背叛者和獨處者三者共存。」

換句話說，選擇退出而不合作，其實可以讓未退出的人合作得更密切！我在英國所住的那個村子，就曾有過這種例子。我們一群人打算聚起來，邀請車諾比（Chernobyl）地區的受災兒童來我們村子參觀，撫慰他們的心靈。過程中愈來愈多人退出籌備工作，結果反而讓剩下的人不得不合作得更為密切，好實現這件事。另一方面，在執行委員會裡，總免不了有一兩位袖手旁觀，所以到頭來，我們的確形成了合作者、背叛者和獨處者之間的動態平衡——正如賽局理論家的預測。

在德國的普朗克研究院湖沼學研究所＊，研究者米林斯基（Manfred Milinski）的小組，就將這種平衡應用到正式的實驗室實驗上。湖沼學的英文limnology，看起來像是要研究肢體（limb）的學問，但其實研究的是淡水湖和淡水池塘。米林斯基的小組是一群演化生態學家，專門研究生活在淡水中的生物群體，了解其間的合作如何演化。但這次研究他們所挑到的生物，大概平常並不會泡在水裡——他們的研究對象是一群生物系一年級的學生，如果讓他們泡在酒裡，搞不好會比較開心。

研究人員讓這些學生參與的實驗，是讓他們玩一套電腦遊戲，選擇要當個合作者、搭便車者，還是獨處者，再根據他們的選擇，發給他們貨真價實的現金。如果選擇當個獨處者，不加入團體、不玩這個合作遊戲，只能拿到一小筆錢；但如果自願加入團體、成為合作者，就能贏到比較大的獎勵；如果自願加入團體、再選擇作弊而成為搭便車者，贏得的獎勵又更大。然而煞風景的是，如果太多人選擇當搭便車者，那麼合作者和搭便車者得到的獎勵都會大減，反而還不如當個獨處者。

這時就可以看到類似於猜拳的情境，只要有太多參與者選擇某種策略，該策略就會不敵其他策略。這群學生最後的結果，也跟加州側斑蜥蜴差不多，合作者、搭便車者和獨處者各占三分之一。雖然在有一大群合作者的時候，搭便車者可以占到便宜，但等到搭便車者人數太多，就不如當個獨處者。然

＊ 譯注：Max Planck Institute for Limnology，該研究所已於2007年改名為「演化生物學研究所」（全名是 Max Planck Institute for Evolutionary Biology）。

而，如果獨處者太多，團體裡剩下的其他人太少，到最後搭便車者也占不到便宜，就像在拔河比賽裡，結局未定之前，如果隊員想偷懶，不盡全力，就會偷雞不著蝕把米。

米林斯基的結果可以顯示，為何他們說自願的策略「可以緩解社會困境」。這是因為，「如果大多數人是獨處者，團體就會縮小，而在小團體中，賽局不再是困境，因此能促進合作。」換言之，在小團體裡搭便車占不到便宜，因此也沒有作弊的動機。

我曾經住過一個英國的小村子，見證了這種小團體效應。我隔壁老先生家裡遭小偷，被偷走幾個珍貴的鐘。小偷在當地的酒吧裡向朋友炫耀，得意洋洋，結果反而給訓了一頓，要他馬上把鐘還回去！因為在這麼小的村子裡，如果哪個人從此被看成小偷，可就太划不來了。

簡言之，「自願〔這裡指的是自願退出〕並不會帶來完全的合作，但可以〔藉著壓制背叛的策略〕有助於避免許多團體所碰到的相互背叛情形。」然而，所謂的第三種策略也不是只有退出一途，還有其他方式，也可以形成三方互相牽制的情境。以下介紹的，就是「三方對決」（truel）。

三方對決

　　三方對決其實類似於兩人對決，只不過改成三方就是了。加入第三方之後，會造成一些矛盾的情形，與我們的日常生活情境息息相關。

　　舉例說明其中一種矛盾。假設有三位男性邏輯學家，正在討論賽局理論裡面的精妙之處。討論益發激烈之際，他們決定，既然大家都是男人中的男人，唯一的解決方法就是來場槍戰，誰能活下來就有理。然而，既然他們又都是邏輯學家，就一定得先想出一些規則。他們的結論是，槍法最差的可以開第一槍，第二差的開第二槍，依此順序輪流，直到剩下一人活著為止。而統計數據顯示，槍法最差的只有三分之一機會打中目標，第二差的有三分之二機會，槍法最好的則是彈無虛發。如果你是槍法最差的那個，你該瞄準誰？

　　答案是：對空鳴槍就好！如果你瞄準槍法第二差的，而且還真的打中，輪到下一個，你就必死無疑；如果你射死了槍法最好的，也只剩三分之一的活命機會。換言之，如果你射死了任何一個對手，只會讓你的情況更糟，因為這麼一來，剩下的對手再也沒別的目標，鐵定會瞄準你。只要你第一槍誰都沒打中，就還有機會開第二槍，而且勝算更大。

　　有很多實際的情形，都類似上面這個假想的局面。其中一種，會出現在西洋棋和橋牌的巡迴賽，許多巡迴賽都採SWISS賽制，第一輪分出輸贏後，第二輪輸家和輸家打、贏家和贏家

打，依此類推。過去我經常參加這類比賽，也很快就發現，最佳的策略就是第一輪一定要輸，這樣之後碰到的對手比較弱。

我發現，這種讓強者先去拚個你死我活、自己再收漁翁之利的策略，其實在生活中很多地方都派得上用場。特別像是開理事會的時候，我常常先不加入辯論，而是等其他人爭論到累了、炮火不那麼猛烈的時候，在最後一刻提出我的想法。

最早分析三方對決的兩位學者是基爾高（Marc Kilgour）和布蘭姆斯（Steven Brams），他們提出了幾個很有意思的例子。

其中一個有名的例子，是1992年美國三大電視網的三方對決，一方面搶主持人，一方面在深夜節目的形式上也要不落人後。ABC電視網固守著廣受歡迎的「夜線」（*Nightline*）節目，可以說有效採取了對空鳴槍的策略，而迫使CBS和NBC形成雙方對決，必須爭相聘用大衛・萊特曼（David Letterman）或傑・雷諾（Jay Leno）這種脫口秀諧星，來吸引深夜娛樂節目的電視觀眾。

比較嚴肅的例子，則是冷戰時期的長期核武威懾政策，參與者為美國、西歐和蘇聯。如果只是西歐和蘇聯兩方對決，可能就會發展成全面性的戰爭，但有了美國加入，假設蘇聯入侵西德，就可能引來美國的核武反擊，於是，三者間形成極度危險的三方對決局面。

當然，這種衝突常常十分複雜，如果只用三方對決來分析，未免過於簡化。但基爾高和布蘭姆斯認為，只要我們有所體認，從日常生活中的類似情境找出規則，就能夠獲益良多。

這點之所以如此重要，是因為最佳策略非常敏感，只要情境中稍微有一點變化，就可能讓策略大不相同。例如其中最重要的心得之一，就是最有力的參與者常常會站在最不利的位置，而成為早期的眾矢之的。

基爾高和布蘭姆斯認為，依據推論，「考量那些長期僵持不下的衝突時，陷入三方對決的人可能會發現，自己的某些作為雖然可以帶來短期的利益，但長期來看反而可能觸動了最後將導致自己走向滅亡的力量。」

從歷史上來看，有些強國會試著壓制由其他強國所支持的反叛行動和恐怖主義，結局也就不出意外，從美國獨立革命，到今日在阿富汗及伊拉克的衝突，都是如此。

基爾高和布蘭姆斯指出的另一項現實問題，則在於各方簽訂的協議常常並不持久。這點在政治上特別如此，以我的國家為例，澳洲的塔斯馬尼亞省（Tasmania）曾經發生一次三方對決，當時是由兩大政黨加上一個較小的綠黨形成權力平衡，兩大黨個別都一直希望能和綠黨結盟，但未能成功，最後形成三方對決，讓塔斯馬尼亞省進入無政府狀態。另一個例子則在義大利，從二次大戰以來，一直無法建立起穩定的聯合政府，結果就是義大利國會的上下議院已經解散過七次之多。

我們究竟該怎麼做，才能讓協議和盟約更為穩定？這代表著必須讓各方感覺到，如果打破協議，大家都沒有好處。下一章會討論是否能、以及該如何達成這個目標。

猜拳不敗法則

　　這裡只說「不敗」是有道理的，因為我不是要預測別人的策略，好增加自己獲勝的機會。如果有人做得到，那還真是恭喜他。這裡的主要重點是要找出方式，讓別人擊敗我的機率別超過五成，重點就在於找出一個真正無法預測的隨機出拳策略，然後奉行無誤。

　　方式有很多種，我自己的方式是把一個「超越數」（像是 e 或是 π）的大約前二十位數字背起來，因為我知道這些數字之間還真是一點關係也沒有，無從推斷下個數字可能是什麼。接著，在猜拳的時候，如果數字是 1、2、3 就出石頭，4、5、6 就出布，7、8、9 就出剪刀，而碰到 0 也是出布（理由會在下面解釋），或是就看心情而定。以 π 為例（3.14159265358979323846...），出拳的順序就會是石頭、石頭、布、石頭、布、剪刀、石頭、布、布、石頭、布……

　　這幾乎是我們能做到最接近隨機的序列了，完全無法從上一個數字（或上一次出的拳）預測後面會是什麼。你也可以在每次開始猜拳的時候，從不同的位數開始輪，而且如果你對數字的記憶過人，還可以試試能不能倒著來（其實並沒想像中那麼難）。

　　我曾經用這個策略，和人工智慧演算程式 Roshambot 對戰，程式設計者是資訊工程專家佛里曼（Perry Friedman），他目前是賭城拉斯維加斯的職業撲克牌高手。佛里曼告訴我（當然是在我跟他寫的程式對戰之後），這個程式會「尋找你出拳的模式，再以符合的次數來加權。像是如果某種模式在過去五次猜拳中都符合，加權後就會高於只符合過去三次猜拳的模式。」他也說：「如果你的確做

到隨機出拳，程式就占不了你的便宜，但你也占不了它的便宜。在真正隨機的賽局裡，結果也會是真正隨機，呈現出來的就是隨機變動的結果。」

以下是我用超越數 e 的各個位數和程式猜拳500次的結果，交由讀者自行判斷。我讓 0 ＝布，1 ～ 3 ＝石頭，4 ～ 6 ＝布，7 ～ 9 ＝剪刀：

贏	輸	平手
185	159	156

看起來，程式似乎是找到了根本不存在的模式，最後聰明反被聰明誤。不過佛里曼認為，我能贏也不過是運氣罷了。

如果只是想擊敗大多數的人類對手，其實不用辛苦去找出模式──甚至連試都別試了，因為相關的演算法十分複雜，而且還得先確定有模式存在才行。所以，還是靠統計比較好：統計顯示，大多數人出石頭的機率會比較高，出剪刀和布的機率相對小一點。1998 年，日本數學家芳沢光雄統計了725 人所出的拳，發現出石頭的占35%，布33%，而剪刀則是32%；另外，在臉書（Facebook）上玩線上猜拳遊戲Roshambull的玩家，則是石頭36%、布30%、剪刀34%。這樣看來，我們猜拳的時候應該多出一點布和剪刀，少出一點石頭，但至於該出布還是剪刀，可能就得看看是不是跟真人玩猜拳，甚至說是要看你是在日本玩猜拳，還是在線上玩猜拳，再來決定。

第 5 章
齊心協力

　　要跳脫社會困境，可以借助溝通和協商，這兩個概念有助於讓我們分享資訊和想法，建立聯盟關係，達成共同策略。遺憾的是，資訊可能有誤，想法可能會引起誤解，合作時雙方勢力可能不對等而有所衝突，或是像浴缸裡的肥皂泡一樣破掉再重新排列。要怎麼做，才能讓溝通更確實、協商更公平、聯盟更穩固？

溝通

　　動物發展出許多溝通方法，可以讓發出的訊息不受誤解、萬無一失。例如鯡魚的「放屁」溝通法，就抵過千言萬語。鯡魚屁聽起來是一種「快速重複的嗒嗒聲」，鯡魚群都聽得到，但掠食者似乎無法察覺，如此一來，就算是不見五指的夜間，

鯡魚也能維持行伍，集體行動。

　　至於其他生物，像是教室裡的小鬼頭，也會用差不多的方法來溝通。我有位澳洲同胞詹姆士（Clive James），現在是作家兼廣播主持人，以前上課的時候，老師講話講到一半，這位老兄就會發表一點「氣體形態」的意見，好比紅磨坊的著名藝人派托曼（Le Pétomane），派托曼的屁功出神入化，甚至能屁出一曲法國國歌來。

　　然而，放屁溝通的意境畢竟有限。蜜蜂的溝通方式可能好一些：跳舞。如果有蜜蜂發現新鮮的花蜜，就會回到蜂巢，在其他蜜蜂面前開始跳起一支複雜的「搖擺舞」，告訴牠們花蜜的方位和距離。另外，我們也常看到螞蟻排成一列長長的隊伍，彷彿背後有什麼神祕的力量；這是因為發現食物的螞蟻，直接在回巢的路上沿路留下氣味，其他螞蟻只要跟著味道，就能找著食物。

　　不論是放屁、跳舞或是留下氣味，在人類溝通裡都能看到類似行為，但自然界中，和我們的溝通方式最像的，可能是座頭鯨。雄鯨發出的歌聲就像是人類的語言，有句法階層（或說是文法結構），歌聲可能長達三十分鐘。雖然已有哈佛大學和伍茲霍爾海洋研究所（Woods Hole Oceanographic Institute）做過分析，科學家還未能解開歌聲的意義。〔根據研究員塔克（Peter Tyack）的說法，可以肯定牠們不是在唱《哈姆雷特》，但可能是在唱情歌。〕

　　雖然如此，我們可以確定，座頭鯨一定是用語言來和同胞

溝通特定訊息，而且距離可能達半個地球之遙。

　　鯨魚的語言每秒只能傳遞一個位元的資訊，但一個位元就構成一個最小單位，能區分出兩種不同情形。乍看之下，人類的語言也不見得快到哪去，就算是快速演講的世界紀錄保持人、美國總統甘迺迪（每分鐘327字），每秒也不過16位元，相較之下，就算是速度緩慢的數據機，每秒傳遞的資訊量也高達56,000位元！我自己一般的講話速度普普通通，每分鐘大約200字，每秒10位元，也只比鯨魚快個十倍而已。

　　我跟鯨魚的不同，就在於我會將位元集合成有區別性的位元組（稱為「音素」），平均每個音素是5.5個位元，而音素又可以再組合成字，平均每個字有4到6個音素。這些字可以再用數百萬種不同方式組合，產生出複雜的語言，帶出豐富的意義。正是這種複雜性，讓人類不只可以用語言溝通，還能協商。

協商

　　如我們所知，很多動物求偶、覓食和劃定地盤的時候，會表現出各種儀式。人類的肢體語言和種種賣弄的表現，其實也會傳達一些訊息，像是閃閃發光的新車，就好比是公孔雀的尾巴，而人生氣皺眉，和狒狒露出色彩鮮豔的屁股意思相近。幸好我們不像公河馬，如果兩頭公河馬打了起來，「通常排便多

的就是贏家，而氣味也是獲勝的要點。如果便味有所不足，河馬還能打出臭氣薰天的嗝來擾亂對手。」〔引述自《冷知識百科全書》(*Ultimate Irrelevant Encyclopaedia*)〕

動物的種種表現和反應，深植於基因，這些表現和反應所引發的結果通常也都不出意外，有時候會以暴力收場，就像是兩群喝醉了的足球迷，彼此威脅恫嚇久了，就可能擦槍走火。我有時候認為，這些球迷搞不好也帶有什麼特殊的基因。但有一次碰上一群足球迷，讓我發現善用語言可以帶來協商空間（協商可是解決社會困境的關鍵工具！），使我平安脫身。

我當時和一位物理學家朋友搭火車，有一站擠上來一群醉醺醺的球迷，他們支持的球隊才剛輸了比賽，滿腔怒火正愁無處發洩。我朋友正在為我示範一個實驗，他對著燈光比出一個手掌朝內的 V 字手勢，但好死不死正對著一名醉漢，而那個手勢在澳洲還是個髒話，要說他「很不爽」，恐怕還講得太簡單。我趕忙向他解釋說這是一個科學實驗，而且抓住他眼中閃過一絲興趣的那一刻，趕快讓他看看如何讓光線從微微併攏的指縫間透過，並且出現一條黑色線條，再大力讚揚他真是聰明過人，立刻掌握到個中訣竅。他很得意的轉過去向同伴炫耀他的發現，而到我和朋友下車的時候，滿車都是興味盎然的醉漢，向燈比著髒話。*

| * 這個實驗是要展現光線的「干涉」現象。

當時如果沒有語言，我們可能就麻煩大了。因為有了語言，我才能對那個遭到誤解的手勢加以解釋。用語言協商，也讓我能為火車上那位大哥找點別的樂子，別揍我的朋友出氣，而是拿他的新發現去向他的朋友炫耀炫耀，好好威風一下。

當時假如不這麼做，就只能改用威脅手段，但我絲毫沒那本事，而且那麼做只會火上加油。然而，已故的英國爵士歌手梅利（George Melly）也曾經碰上類似情境，而他找到的威脅方式可是別具神效。某天音樂會結束後，他碰上一群醉醺醺的年輕人，無計可施之下，他從口袋裡抽出一本禪詩集，大聲吟詠著如天書般的內容。那群孩子嚇傻了，迅速逃走，一心認為梅利一定精神有問題，天曉得還會做出什麼舉動。

協商的兩大利器，就是威脅和承諾，兩者間的選擇要看當時情境而定，而且對方必須相信，才會有效。如果爸媽只是大吼：「再不住手，我就把你宰了！」小孩大概甩都不甩，而「你就不准吃冰淇淋」或是「我就買冰淇淋給你吃」，就有效果多了。

兩者看來，威脅比承諾來得省事，因為如果威脅有效，就不用走到實踐諾言那一步。然而，如果威脅讓人覺得只是說說而已，就可能讓情況更加惡化。相較之下，承諾給予獎勵比較沒這個問題，但也並非全無風險，像是如果讓敲詐勒索的人吃到甜頭，日後常常就是需索無度，像貪汙的官員也常常是愈貪愈大。

儘管如此，一般日常情形中，獎勵仍然是比較好的方法。例如逛街購物其實就是協商，「你給我這些東西，我就給你多少多少錢」，就是我們對店家提出獎勵的承諾，而店家則是反過來，「如果你給我多少多少錢，我就給你這些東西」。有時候，店家還會提出加碼大放送，好讓你擋不住誘惑，把錢乖乖吐出來。

　　雖然逛街似乎不是什麼大不了的事，沒必要想得這麼複雜，但我和太太第一次在印度買衣服的時候，這種想法可是有用極了。

　　我們和店家說好價錢是300印度盧比（大約8美元），接著付了一張500盧比的鈔票，以為會拿到衣服和找200盧比。但印度文化可是大大不同：店家不肯找錢，而是想再另外賣些衣服給我們，而且他看來已經抱定了耗上一整天的決心。這下我們可學乖了，之後就以其人之道還治其人之身，隨身帶著一堆小鈔，付錢的時候總是先少付一點，如果店家不高興，就說可以把一些衣服還給他（這也算是一種獎勵）。

　　這種做法，是要達到真正的意見一致，都沒有再操弄的空間。我們這麼做，一點也不會良心不安，因為我們的印度朋友說，大多時候那些店家對於成本可是清楚得很，賠錢的生意才沒人要做呢。

聯盟

在賽局理論家眼中，我們其實是和印度店家形成「聯盟」。一般人想到聯盟，只會想到政黨或是有相同目標的國家（常常是戰爭或軍事的目標），但賽局理論家將這個概念延伸，只要是成員之間彼此協調出策略，為共同目標同心協力，就可以稱為聯盟。

由賽局理論家看來，婚姻是聯盟（雖然有時會出槌），球隊也是聯盟；不論是兩個行人各走一邊好通行，或是買家賣家的金錢貨物交易，都是暫時形成聯盟關係，方便協調雙方策略。

如果結盟不成，則必須承擔被叫做「獨身聯盟」（singleton coalition）的侮辱。總之，在賽局理論家眼中，一切都不脫聯盟的概念。

就連這本書的催生過程，也是我和編輯經過協商而形成合作聯盟的過程。我的策略重點是要想清楚自己的想法，以有條理的方式呈現，再提供有趣的例子，好讓讀者了解，而編輯的策略重點，則在於巧妙讓我以多數讀者為考量，著重日常情形和世界目前面對的問題。市面上關於策略和協商過程的著作多如牛毛，領域也已涵蓋政治、國際外交、商業管理、組織經營、人際關係等等不一而足，就算我能做得到，也不想再寫出一本都差不多的書。我和別人不同的地方，就在於我關注的是過程所指引的方向，以及要怎麼定目標才能合作成功。

其中一個明顯的目標，就是建立聯盟，讓各方協調出策略，彼此信任，信守大家同意的策略。這可以讓所有人跳脫出社會困境，達到合作雙贏。

根據賽局理論家麥肯（Roger McCain）的說法，成功的可能就在於「**原則上，只要各方能夠達成一個合作解**（cooperative solution），**任何非定和的賽局**（non-constant sum game）**都能轉換成雙贏賽局**」。要是辦得到的話，我還真想讓這句話從書上跳起來，並且加上音效，跑來跑去大聲廣播，因為這正是我當初讀到這句話所感受到的震撼。我要找的，就是如何讓社會困境能有雙贏的結局，而賽局理論告訴我，的確有法可循：只要建立起真正穩固的聯盟關係即可！

要建立起這種聯盟，關鍵之一就在於信任。聖誕節的時候，我朋友的兩個孩子收到祖父母的禮物，一人拿到腳踏車，一人拿到電動玩具。麻煩的是祖父母弄反了，想要腳踏車的拿到了電動玩具，想要電動玩具的拿到了腳踏車。聽起來這也不是什麼大問題，交換就得了，但剛開始的時候就是沒辦法，因為兩個人都不肯先放手，擔心：「要是我先給他，結果他兩個都抓著不放，怎麼辦？」*

兩個小孩會掉進這種陷阱，是因為不夠信任對方，無法形成承諾交換的聯盟。最後爸媽威脅說再不換就統統沒收，輕鬆

---

* 他們陷入了因犯困境。「給－給」是合作、協調（也是最好的）策略，而「留－留」策略是兩人皆輸的納許均衡，卻也是當下的優勢策略。

解決了這個問題，因為這麼一來，小孩被迫組成臨時的聯盟，交換也就不再有阻礙。

這個小故事的啟示是，小孩之所以形成聯盟，是因為爸媽讓他們覺得形成聯盟比較划算。世上人人都自私，因此「覺得划算」就會是我們同意形成聯盟的主因：可能是自己覺得划算，或是別人讓你有這種感覺。加入聯盟的報酬可能是情感上的，例如歸屬感，或是團體能提供的安全感；也可能是實質上的，例如職位、權力、想取得的資源，或是威脅不加入就會如何如何。甚至，也可能是因為金錢（答應付錢買貨，給仲介一些甜頭，或是真的提供賄款）。

對於這些報酬，賽局理論家不加以道德判斷，而是一律歸類為「補償給付」（使對方跟你站在同一陣線、不要脫離聯盟的報酬）。甚至連你付給店家的錢，也算是一種補償給付，好說服他們合作，一手交錢一手交貨。

有些補償給付看起來十分公正，而有些看來就不太道德，但不論如何，事實就是，多數人一定要能從聯盟得到些好處，才會想合作，願意加入聯盟。

如果聯盟牽涉到的不只有兩方，情形就更複雜，但道理相同，只不過聯盟的選擇變廣，像是就算只有三方，就已有三種不同方式，可以讓其中兩方結盟，共同對抗第三方。而在委員會、商業組織與社會組織、甚至是家庭這些較大的團體中，不可避免的就會形成派系，很多小說都在描寫派系的鉤心鬥角、背後捅刀、流言蜚語、投靠敵營，如果你翻翻報紙，也會讀到

許許多多的相關報導。

　　要是螞蟻、蜜蜂、黃蜂也有報紙，上頭大概不會有這種報導，因為在牠們的基因設定裡，就內定好要組成「大聯盟」（grand coalition），所有個體都是其中一份子，而且毫無脫逃的權限。至於我們人類，還是想保留一點個人特質，所以採取的方式就是提供補償給付，好讓個人願意在各個小群體中合作。但這只是麻煩的開始。開始合作後，我們還得有辦法維持合作，而這絕非易事，特別是因為我們從不會真正彼此信任。

承諾

　　有沒有什麼方式，可以讓人在缺乏信任的情況下，仍然對組織保持忠誠？第2章裡我曾提過，在各方無法或不願溝通的情形下，最可靠的方式就是建立起能夠自動運作的協議。簡單說來，這就意味著協議必須是一個納許均衡，讓各方只要想獨自逃脫就會蒙受損失，因此不得不合作。如果各方願意溝通協商，納許提出了另一種特殊的協商方式，稱為「納許談判解」（Nash bargaining solution）。以下我們來檢視兩種方式的異同。

陷入納許均衡，而不得不合作

納許均衡有時候可以用來將我們鎖定在一套協調、合作的策略之中，任一方獨自改變策略都得不到好處。哲學家休謨（David Hume）曾提出很好的例子：有兩位划船手坐在船的兩邊，各持一槳，「兩個人划槳……靠的是共同的習慣和利益，不需要任何承諾或合約。」雙方共同的個人利益促成聯盟關係，偷懶不會有任何好處，只會讓船原處繞圈，因此這種聯盟便十分穩固。兩人陷於納許均衡中，但這種情況又恰好是協調、合作的解決方式。

講到合作的時候，納許均衡不見得是壞事。雖然從第3章看來，納許均衡常常讓我們陷入社會困境，但總有某些情形（例如前面划船的例子，或是兩人在人行道上迎面相遇的例子），合作、協調的解決方式也正是納許均衡，而在這些情形中，就沒有社會困境的問題——只要找出適當策略，便一切解決！

這些情形的理想結果，就是找出「最省力的合作方式」，設法完成任務，而不白費任何一絲力氣。以賽局理論的話來說，最省力合作方式也是個有效率（efficient）的策略選擇，因為再也沒其他方法，可以讓某方得利而不損及他方。（在經濟學上，這稱為帕雷托最適境界＊。）

很多情況中，「最省力合作方式」正是最佳的解決方式，例

＊ 帕雷托（Vilfredo F. D. Pareto，或譯作柏瑞圖、柏拉圖），1848-1923，義大利經濟學家，除了「帕雷托最適」（Pareto optimality）概念，還提出眾所皆知的帕雷托法則（即80-20法則）。

如促成國際和平協議，希望讓競爭者簽訂商業合約，甚至只是做做家事。好巧不巧，就在我寫到這章的時候，我和太太也恰巧針對最後這一項，做了一點朋友口中所說的「意見交流」。

我們的主要爭議點在於：如果朋友要來拜訪幾天，房子得先打掃到什麼程度？她認為這可是大事一件，不可輕忽，而我覺得只要吸吸地板，再換一下浴室裡的毛巾就得了，接著就可以坐下來看看網球賽轉播，這樣不是很好嗎？她聽到我這種想法，就像是鬥牛看到那塊紅布，開始列舉出更多「早該做完」的家事。接下來的情形，只要是有經驗的老夫老妻，大概都不難想像。

情況在短短幾週後有了一百八十度大轉變。我們的策略是：她列出希望我在朋友來訪前做完的事，而我同意將這些事完成，但前提是她不會再有其他要求。從此之後家中一片祥和喜樂，因為我們找到了最省力合作方式，處於自己創造出的納許均衡之中。這辦法的確有效！太太對家中狀態相當滿意，而我也能看個幾場網球。

然而，合作的納許均衡也不是萬靈丹。很多時候，最省力合作方式不只一個，而且並不好做選擇。例如人行道的例子，雙方得協調動作，才不會朝同一邊靠，面面相覷。雖然雙方的確可以站定位子，好好來一場協商以達成協議，但大概也沒必要那麼誇張；大多數人就是看看對方大概想怎麼動作，再隨之因應就好。

正如第3章所說，經由這種暗示所達成的納許均衡叫做

「謝林點」，另外也提到我曾經做過的一項實驗，是在放出假線索，目的是要看看沒有謝林點會如何。結果顯示，沒有這種暗示，就很難在兩個合作的納許均衡中做出選擇。

那麼，如果有許多納許納衡，甚至多到無窮無盡，又會如何？有沒有哪個納許均衡比較好，可以透過理性協商來達成？

納許談判解

弟弟和我分煙火的時候，其實也可以透過理性協商。除了運用「我切你選」策略，爸爸也可以要我們自己商量，再告訴他，我們要各分多少百分比。另外爸爸可再加上但書：如果兩個人想要的比例相加超過100%，就統統沒收！

當年，納許在千里之外的普林斯頓大學，才剛提出了類似的談判方法。他體會到，只要雙方的要求相加正好是100%，不論分法為何（100：0除外），都可以形成他在日後詳加分析的納許均衡情形。例如，如果我告訴弟弟：「不管你怎麼分，我要拿70%。」而他也真的吃這一套，他能做的就是最多拿到30%，而且如果我們其中一人想拿更多，就會兩敗俱傷。

但在協商過程中，他也可能回應說：「我才該拿70%，哪有你講話的餘地！」而如果我又真的接受他的說法，我能做的，最多也就是拿個30%就好。

面對這種僵局，有沒有什麼理性的方法能夠解決？納許就找到了：納許談判解（Nash bargaining solution）。納許談判解可以用來處理兩方以上、協商分配有限資源的問題，但前提就

是，各方分到的總和不得超過100%，否則便同時喪失資格。在這些條件下，理性的各方總能找出使「效用函數」（utility function）的乘積達到最大的分配方式。*

換言之，各方會找出各種可能分法，再比較一下如果多要一點會如何，最後選擇各方數字相乘能得到最大值的分法。例如雙方要分得總值100美元的情形下，如果只在意金錢價值（所以效用＝金錢價值），理性判斷就是各拿50美元，因為50 × 50＝2500，而其他分法的乘積都小於這個值（例如99：1，相乘的結果就只有99，而就算是51：49，乘積也只有2499）。

這種做法乍看之下，似乎和現實生活有很大差距，但其實並沒有。像是協商購買電視廣告或其他行銷方式時，就常用到納許談判解。已經有人運用納許這種以理性談判來分配的絕妙方式，設計出新的拍賣形式，並且用在廣電播放頻率的分配上。

史上第一場廣電頻率分配拍賣是在1994年，於美國華盛頓特區的奧姆尼蕭漢酒店宴會廳舉行，最後拍賣總價高達近6.17億美元。同年稍晚，另一場拍賣總價飆至70億美元，讓《紐約時報》專欄作家薩菲爾（William Safire）評為「史上最成功的拍賣」。現在，整個廣電頻譜的後續一連串拍賣，已改成在網

---

* 要讓納許談判解達到最佳結果，納許列出四個條件：
　1. 剛好分完所有資源。
　2. 決定分法時，並不是依據各方對資源的效用評估。
　3. 某些原本就不會被選擇的選項，無論是否存在，都不影響最後結果。
　4. 即使各方位置互調，分法也不會改變。

路上進行，至今總價超過1000億美元。

這種方式的好處之一，就是讓「策略競標」成為賠本生意。（所謂策略競標，就是雖然出價者可能根本不想要某些頻率，卻仍然出價競標，好讓對手無法得標。）所有參與最初那場拍賣會的人都表示，他們對結果十分滿意，而相對的例子出現在澳洲及紐西蘭，兩地大約同時也辦了類似的拍賣，但沒有採取納許提出的辦法，結果大為失敗，損失慘重。現在，普遍都已認可納許的做法，認為的確有效。

拍賣會設計現在已廣泛運用到各式商品及服務的銷售，包括電力、木材，甚至是汙染防治合約。儘管如此，還是不能說賽局理論已經找到所有解答。但有些懷疑論者，誤以為賽局理論可以用來合理化一切事物，像是策略分析家魯梅特（Richard Rumelt）就曾嘲諷說：「賽局理論的問題，在於它能解釋一切。如果一位銀行總裁站在路中間把自己的褲子給燒了，也會有賽局理論家說這很合理。」

管理分析家帕斯楚（Steven Postrel）決定要弄清楚，看看魯梅特的「燒褲子推測」是否為真──結果發現，以賽局理論為基礎，還真能找出完全合理的解釋，說明銀行總裁公開燒了褲子的理由（做為公開特技表演，好吸引及留住客戶）！

但帕斯楚也接著表示：「這種批評其實沒講到重點。賽局理論是建立實用模型的工具，而不是經驗上的實質理論；賽局理論的力量，是來自於將邏輯原則套用到我們所講的故事上。」換言之，這項學問並不是要控制世界，而是幫助我們以全新方

式了解世界，得到更多的合作機會。賽局理論可以提供作決定的指引，讓我們了解真實情形為何，而不是自動決策機、只要把所有事實輸入就行。

我們理性嗎？

以納許談判解為例，可以發現就算沒有真正的公平，也可以找出還不錯的結局，只要各方能以真正理性的態度，從協商中追求自身的利益，就能為所有人找到獨特的最佳方案。但我們真能那麼理性嗎？從一個再簡單不過的「最後通牒遊戲」（Ultimatum Game）可以看出，事實並非如此。

這項遊戲主要用在心理實驗，但偏偏真實生活裡也常看到類似的麻煩事。實驗者先給A一些錢或是物品，再請A分給B一些。B可以接受或拒絕；如果接受，兩人就能取走各自分得的部分，如果拒絕，兩人就都兩手空空回家。就是這麼簡單，沒有進一步談判這回事，而是一次搞定。

A該怎麼做？我們的直覺反應可能是盡量少給，反正B不接受的話就什麼都拿不到。占優勢的一方就常應用這種「不拿就拉倒」的協商戰術，欺負弱勢無助的另一方，例如在勞力剝削的情境下談工資，就特別明顯。

1976年的電影「神經戰線」（*The Front*）是很好的例子，老牌諧星莫斯提爾（Zero Mostel）飾演一位在麥卡錫年代被列入

黑名單的演員，在一場原本便已收入微薄的演出後，俱樂部老闆又大砍酬勞，還冷嘲熱諷說：「不拿就拉倒。你以為還有別人肯請你啊？」於是演員憤而自殺。

「不拿就拉倒」是有權有勢者的武器。不過，這項武器交到「最後通牒遊戲」的自願受試者手中之後，卻有了讓專家跌破眼鏡的發展。

實驗人員發現，大部分時候，A並不會獨吞掉大半，而是把大約一半分給B，就算用的是真錢也不例外。更令人意想不到的是B的反應：如果能拿到的不到30%，他們常常就會拒絕，寧願和A同歸於盡。

看起來，B相當願意承受損失，好給A一點教訓——而且這種情形不只出現在富裕的美國，就算是在類似印尼的國家，要分100美元的時候，如果B的那份不到30美元，也常常造成破局，而這已經是他們兩週的工資了！

如果不管人情，只講理性，這種行為就怎麼也說不通。究竟出了什麼問題？普林斯頓大學和匹茲堡大學的科學研究，提出了一條線索。

科學家利用功能性磁振造影（fMRI）觀察B接受或拒絕時的腦部活動，發現如果A提出的條件很低，B腦中的「雙側前腦島」就會十分活躍，而一般而言，如果人產生負面情緒，像是憤怒或厭惡，這一區也會十分活躍。相對而言，如果A提出的條件很高，B腦中的「後側前額葉皮質」則會變得活躍，而這一區則是掌管認知決策。

賽局理論家諾瓦克（Martin Nowak）認為，「最後通牒遊戲」的參與者並非以理性來面對問題，他說這個遊戲「不讓『囚犯困境』專美於前，也成了明顯不理性行為的最佳展示品」。但如果去訪問那些拒絕開價低的人，他們的理由都一樣：給那個出價低的人一點教訓。

　　觀察腦部活動的研究者表示：「前腦島和後側前額葉皮質的活化程度，代表『最後通牒遊戲』中的兩種需求：情緒上要拒絕不公平，認知上則希望能拿到錢。」而他們提出的真知灼見是：「如果要找出作決定的模型，就不能否認，對於真實世界中的決策和選擇，情緒也是一項重要而且動態的因素。」

　　因此，必須將情緒列入考量。研究者也發現，如果「最後通牒遊戲」裡的金額愈高，A提出的分法就愈接近50：50，如果要說A的動機完全只基於所得到的獎勵，這種做法就怎麼也說不通。雖然也有可能說A是在追求公平公正，但有證據顯示，至少「恐懼感」也一樣重要：A會擔心，如果出價太低，就會遭到拒絕。而從實際情形看來，這種恐懼還真是有些道理。

　　這些實驗顯示，想在各種得失之間達到平衡，就必須將情感也列入考量。但情感究竟要如何計算？雖然我的確也很想看看，人一邊玩「最後通牒遊戲」、腦袋又一邊塞在磁振造影儀器的大磁鐵裡面，會是什麼樣子，可是就算用上這些先進科學儀器，也無法讓我們像量化金錢或物品一般，來量化情感。然而，如果是想計算「給刻薄的人一點教訓」的快樂程度，倒是

可以看看他們願意為了這種快樂，放棄多少價值的金錢或物品，而且看來這代價還滿高的。

如果把這種快樂和其他情緒上的獎勵或懲罰列入計算，看起來在某些情境中，納許均衡就真的能將我們鎖定於某些解決方案，達成合作。有些時候，靠外部權威來確保公平公正也是一個辦法，像是要讓小孩交換禮物的時候。

不過，如果要真正在合作上有所進展，而且避開七大困境，我們就還需要更有效的信任機制，才能採用合作策略來解決問題，相信其他人會遵守協議，不會獨自改變策略謀求私利。但要做到這點，就必須找到建構承諾的第三種方式，也就是要找出真正令人信服的理由來相信他人，而且發展出明確的策略，向他人證明，我們值得信賴。下一章，我會繼續討論合作策略，並提出一些回顧和嘗試。

第6章
信任

　　我最喜歡的一則史努比漫畫,畫的是奈勒斯抓著他永不離身的毛毯,而查理布朗的妹妹莎莉從後面偷親了奈勒斯一下,他一時呆住,讓史努比搶了毛毯逃跑了。奈勒斯嘆了一口氣說:「如果連狗和小小孩都不能相信,還能相信誰呢?」

　　這樣看來,恐怕能相信的人還真是不多。但是,不論是在賽局理論的社會困境或是真實生活中,如果我們不能或不願相信他人,就可能帶來悲慘的下場,而如果我們彼此信任,就能克服眾多困境。只要有真正的信任,我們就能互相協商、協調策略、共創合作方案,而且因為知道對方不會為了私利而破壞協議,因此合作也能穩固不變。但偏偏我們常認為對方會作弊,而這種想法就會把我們困在納許均衡之中。

　　歷史上傳說,羅利爵士(Sir Walter Raleigh)將自己的斗篷脫下、鋪在泥濘的地上,好讓伊莉莎白女王走過時不會弄溼了鞋,但這也要兩人彼此信任才辦得到。他相信她不會拒絕;她

也相信他沒在玩什麼把戲，像是不會在最後一刻把斗篷給抽走。但今天可沒這種事了。

我之所以這麼肯定，是因為我試過了。一個雨天，我走在倫敦街上，有一位女士要通過一個水窪，於是我派頭十足的把我的外套鋪了上去（外套倒是滿舊了），她一臉狐疑，瞧了瞧我和外套，決定趕快大繞遠路離開我和那個水窪。我在不同的水窪向不同女士做這個實驗，結果都相同：沒人敢踏上去，怕是什麼惡作劇。有些人還開始東張西望，以為能找到整人節目的攝影機。她們都不像伊莉莎白女王，都不願意相信我可是出自一片好意。

後來我說動一位朋友，在紐約做了這個實驗。他的下場比我還慘，不僅遭人嘲笑，還被警察懷疑有鬼，叫他趕快離開，別再騷擾路人。

我們要怎麼做，才能向她們證明自己值得信賴？或許我們可以向史努比漫畫裡的露西學學，她總是能讓查理布朗相信，自己不會在他跑過來要踢球的時候把球拿開。她有一次就說：「你看著我的眼睛，可不是一片純真善良嗎？我這麼天真可愛，你難道不相信我嗎？」查理布朗心想：「她說得沒錯，如果女孩的眼中充滿純真無辜，就該相信她。」——然後他又再一次被整，摔在地上。她看著他說：「查理布朗，你今天學到這個教訓，在你未來長長的人生裡，可真是太珍貴啦！」

大多數人學到的教訓裡，似乎通常「不信任」比「信任」來得好。雖然有時候的確沒錯，但在很多我們沒注意到的地方，其實情形絕非如此。我們必須信任彼此，否則社會就會完全停擺。

根據密絲托爾（Barbara Misztal）在她的著作《現代社會的信任》裡的說法，信任有三種功能：減少社會生活中不可預期的情形，創造社群感，以及使人們合作更順利。

我們對朋友、家人、愛人所付出的信任，可以讓我們的人生道路更平順。我們所生存的社會，也是建構在信任之上，如果缺乏信任，就可能崩毀。鈔票不過就是紙上噴了點彩色油墨，不能吃、不能住、不能搭乘、不能當帽子或雨傘，但我們還是願意相信，完全陌生的人會接受這些紙，然後換給我們可以吃的食物、可以住的房子、可以搭的交通工具、可以用的消費品。我們愈願意付出信任，生活就會愈簡單、愈豐富。

賽局理論可以解釋背後的原因，步驟有三：

1. 面對各種問題（因追求私利而起，結果陷入七大困境中），參與者無法彼此信任，而無法作出可靠的承諾、採取合作策略，於是，只能採取非合作的解決方式。

2. 但如果能找出合作的解決方案，原則上，任何「非定和」的賽局（大部分的社會互動都包括在內）都能轉換成雙贏賽局。

3. 結論：只要找到方法彼此信任，就算是最嚴重的問題，
   也能找到雙贏的解決辦法。

信任的源頭

　　心理學和社會學研究已有明證，人性其實傾向信任。發展
心理學權威艾瑞克森（Erik Erikson）認為，人出生後的頭一
年會面臨一個關卡，將會決定未來信任他人的程度，而關鍵就
在於主要的照護者（通常也就是媽媽）。如果照護者能以可預
期、可靠、充滿愛心的方式來照顧嬰兒，就會培養出孩子的信
任感，否則，可能這個孩子在未來一生都會抱著不信任的感
覺。

　　我們在不同情境下感受到的信任程度，有部分導因於腦中
分泌的荷爾蒙「催產素」（oxytocin）。催產素除了在分娩和哺
乳時的作用，也能協助許多哺乳類動物，克服想要「避免接
觸、以策安全」的天性。不論是伴侶關係、母親照顧、性行
為，或是許多動物個體之間建立社會依附關係的能力，都與催
產素有關。有些心理學家就將催產素稱呼為「愛慾和信任」的
荷爾蒙。

　　克萊蒙研究大學（Claremont Graduate University）的神經經
濟學家扎克（Paul Zak）認為，催產素也可能對各種年齡層的
人，都有類似作用，於是便和同事一起設計出一個簡單、漂亮

的實驗來驗證。

他們的計畫是改變催產素在腦中的濃度，看看會不會改變人類信任他人的意願；改變催產素濃度的方法，是直接把催產素噴在受試者的鼻前，讓催產素透過鼻腔黏膜進入血液，最後抵達大腦。他們會準備另一種不含催產素的噴劑，然後比較兩種噴劑的結果。

實驗人員讓受試者來玩一個信任遊戲。先給自願受試的 A 一些錢，並告訴他可以選擇把錢留著或是送給 B，如果 B 拿到錢，錢數就會變成三倍，這時會再請 B 把他認為應該回送給 A 的錢拿給 A。

所以，如果 A 相信 B 會抱持公平的原則，將最後的金額平分，兩個人就都有好處，但如果沒有這種信任，很明顯 A 就會選擇把原來的錢都留著。結果顯示，施用催產素的受試者比較願意將錢交出去，證明了這些受試者不只是比較願意冒險，也是因為「催產素對個人造成特別影響，願意接受人際互動中的社會風險」。換句話說，這些人對他人的信任感提高了。

沒過多久，網路上就出現了一則廣告，寫著：「想把信任帶著走嗎？請勿錯過『信任之液』，全球第一瓶催產素噴霧產品，效果有保障！」這種在倫理上大有問題的產品（而且原先的研究者與產品完全無關），廣告詞還寫著：「專門為您量身打造，在約會和人際關係上助您一臂之力」，並宣稱也能讓銷售員和企業經理如虎添翼。我還真想不透，如果第一次見面，就有人想在你鼻子前面噴些催產素，情況會怎樣？恐怕噴了之

後，信任感反而會低到爆表。至於如果是銷售員和企業經理，大概還會吃上官司。

「信任」絕對沒辦法裝在瓶子裡帶著走，「信任」是整個腦中機制運作的結果。有些科學家主張，信任是從兩種平行機制中生成的：自私機制和社會機制。催產素只是其中一個因素，影響了兩者間的微妙平衡。在自私機制方面，我們的「馬基維利式」智能＊讓我們能彼此競爭，爭奪伴侶、收入、地位等等；而在社會機制方面，則是經過演化塑造，讓我們能適應團體生活，合作行事。

人類的大腦體積在幾千年來有相當大的增加，但究竟是導因於自私機制還是社會機制，至今仍然眾說紛紜，未有定見。然而有一件事可以肯定：我們腦中偏向馬基維利的那一邊，也就是要純粹追求自利而不顧他人利益的做法，正是讓我們陷入社會困境的原因；若是偏向合作、社會性的那一邊，則能讓我們逃出社會困境。

＊「馬基維利式」（Machiavellian）現在變成「欺詐不實、鬼鬼祟祟、千夫所指」的同義詞，但馬基維利（Machiavelli）這位政治家主要想講的是，如果想贏得權力並能夠維繫，「最好是贏得人民的信心，而不是依賴『力量』」。對馬基維利而言，中心議題就是「信任」，只是他的建議做法有時重視實際多於道德。

信任的演化

　　的的確確，我們腦中的社會機制是由信任所推動。但如果我們研究信任的運作方式，卻很難看出過去是怎麼發展出關於信任的能力和期許，更別說是該如何刺激未來的發展。演化偏好的策略，往往是那些讓風險最小的策略，而不是讓利益最大的策略，但信任卻是恰好高唱反調。

　　如果付出信任，就得承擔受背叛的風險。雖然安然度過風險之後的利益很高，但反之則可能受害甚深。背叛信任，可能造成關係失和、金錢損失，甚至像在醫療情境中，如果信錯了人，就可能失去健康或生命。而對於物種而言，如果信任用錯地方，還可能造成絕種，像是度度鳥就輕信人類，讓人得以走到牠身邊直接敲破牠的頭。

　　賽局理論家將信任他人稱為**報酬導向**策略（payoff-dominant strategy），換言之，這種策略看重的是特定情境中能得到的最大報酬。像是我家的母貓，每到吃飯時間就跟在我們腳邊，就算拿到牛肉或羊肉，她也一口不動，只是坐在那邊眼巴巴的向上望著我們，希望我們能心軟給她一盤鮪魚，或者甚至是像雉雞或珠雞肉之類的好料，才與她的身分相稱。

　　至於鄰居那三隻貓就恰恰相反，採取的是不信任的**風險導向**策略（risk-dominant strategy），以避免風險為主要目標，所以盤子裡有什麼就迅速掃光，以免有其他的貓過來偷食物。

　　隨著時間演進，同一物種之中採取風險導向策略的那些成

員，常常能夠家族興旺，而採取報酬導向策略的，存活機會則十分渺茫。像是如果我家的貓要去隔壁吃飯，不改變策略恐怕就活不下去了。

「不信任」是風險導向策略，而「信任」則是報酬導向策略。換言之，就簡單的演化而言，應該「不信任」會是長遠的主流。從天擇的角度來看，最不信任他人的，生存的機會最高，因而把這種不信任感傳給牠們的後代。對這些動物而言，「不信任」才是確保族群穩定的演化穩定策略。

但有些情境下，「信任」反而可以帶來演化上的優勢，例如在比較小的社群中（例如家庭和部落），彼此信任就至關重要。演化讓我們同時有信任和不信任的衝動，永遠在我們腦海互相拉扯，而裁判就是日常的學習和生活經驗。要合作，第一個條件是信任，但還有第二個條件：信任必須有其道理。如果要學會如何合作，除了要了解何時、以及如何信任他人，也要知道如何贏得他人的信任。

想知道何時以及如何信任他人，並非易事，因為光是看到他人的承諾，其實很難判斷是真心還是假意。有些人說可以從肢體語言判斷，但實驗顯示，這種說法往往沒有什麼根據。

在一項實驗中，英國心理學家魏斯曼（Richard Wiseman）請一位知名節目主持人錄了兩段節目，一段是真心描述自己最愛的電影，另一段則說謊，說他最愛的是另外一部片。接著，魏斯曼請看過節目的人來猜猜哪段是真心、哪段是謊言。結果呢？只有一半的人答對，比起亂猜也沒好到哪去。

對於我們這種想靠直覺來分辨事實和謊言的人來說，這可不是個好消息。直覺可能會讓我們大失所望，像是社會上還是常常有人不斷受騙。以下是我覺得最搞笑的幾種騙局：

賭場外的贏家：賭場外面，有人拿著一大袋高面額的籌碼，告訴你他被賭場趕出來了，所以沒辦法兌現，如果你可以幫幫忙，他願意給你吃紅。但為了防止你獨吞，他得先有點預防措施，像是拿你的皮夾做抵押。你進了賭場，才發現籌碼都是假的。

私藏錢的網路騙局：關於私藏錢的騙局種類很多，大致上都是讓你相信有個人藏了一大筆錢，但他自己拿不到，如果你幫忙的話，可以分到紅。

浪漫陷阱：這在網路上也屢見不鮮，寂寞孤單的人以為找到真愛，結果「愛人」獅子大開口，說要還些根本不存在的債務，或是支付旅費好來和被害人相會，結果當然是見都沒見到面。（如果見到了，被害人搞不好還會嚇一跳，因為這種騙子常常是男人冒充成女人的身分。）

快速致富的美夢：這種騙局包括各種連鎖信、老鼠會、假加盟、致富計畫、「XX心靈導師」給你的建言，還有要你投資無用的產品之類，列都列不完。

當然，最早的騙局是威廉‧湯普森（William Thompson）在1849年的創舉。他穿得人模人樣，找有錢的紐約人聊天，話中透露出大家都不信任他，實在令他感到很難過。接著他就問：「你願意相信我嗎？我能不能借一下你的錶（或是皮夾之類），明天一早就還？」被害人往往覺得湯普森看來十分誠懇，於是將東西都借給他，但他也就一去不回。

現在很難相信，怎麼會有人相信這種事，但看來還真是有不少人上當，被湯普森的外表給迷惑，於是直覺判斷這人誠實可信。我自己則是在一個澳洲的國立研究機構工作的時候，一不小心也耍了一次類似的把戲。那次我走進其中一個研究單位的圖書館，既沒帶身分證件，館員也不認識我，但館員還是讓我借了幾本很珍貴的書。我離開的時候，聽見有人問：「他是誰啊？」館員回答：「我也不認識耶，可是他看起來不像騙子。」

在這個案例裡，館員的直覺一點也沒錯，因為我最後的確是還了那些書。但光靠直覺常常有所不足，甚至讓人誤入歧途。那有沒有更好的解決辦法呢？

可信的承諾

賽局理論家面對信任問題，解決的方式是以「可信的承諾」做為標準，各方提出承諾時，要設法證明自己的承諾值得

信賴，讓他人就算不相信這個人，也願意相信這項承諾。像是露西可以自願將一隻手綁在背後，這樣查理布朗跑來踢球的時候，她就沒辦法雙手把球拿開，如此一來，查理布朗就有其他理由可以相信她，而不是只能看她的眼睛而已。

賽局理論家提出兩種方法，就算原先沒有信任的默契，也能讓你的承諾看來十分可信。這兩種方法的共通點，就是在限制自己的選擇，而且**要讓對方知道**。像是露西的限制，就是把一隻手綁在背後，這麼做的重點，是讓查理布朗可以信賴她不會雙手把球拿走——不是因為她不會這麼做，而是因為她沒辦法這麼做。

這兩種基本的方式是：

1. 讓自己日後要反悔的代價提高，高到負擔不起。
2. 甚至做得更絕，刻意不留退路，讓自己無法改變心意。

讓自己日後反悔的代價提高到負擔不起

以下有六種大策略方向，如果使用了這些策略，卻又改變心意而未能履行承諾或威脅，後果小則丟臉，大則不堪設想。

1. **以名聲為代價，未實現承諾則有損名聲**：我們常常這麼做而不自知。例如舞台劇演員，如果沒有每場演出都到場，以後可能就再也接不到戲；而嚇嚇小孩說要打，或是

說要給糖當作鼓勵，也屬於此類。像我父母在我小時候把我的小狗送走，說牠把花圃挖得亂七八糟，並且答應我會讓我養小雞做為補償，我相信了，但卻一直沒等到雞，我就再也不相信他們的話了。

2. **一步一步來**：將承諾或威脅細分為許多步驟，這樣一來，隨著時間演進，大部分的步驟都會完成，就像是蓋房子的時候，屋主或建商也是分階段將錢付給建築工人。但這裡有個陷阱。如果你知道這是最後一步了，就可能想反悔。像是建商可能在房子蓋好之後，把最後一批款項扣著不給工人，這樣工人不是少拿一筆款項，就是得負擔對建商提出告訴的成本及壓力。房客也可能不付最後一個月的房租就逃跑，這正是我當房東的親身經歷。這裡的重點很明確：盡可能將步驟（至少是最後幾步）加以細分，以減少損失風險。

3. **團隊合作**：這又是拿自己的名聲來當籌碼，因為如果讓團隊中的人失望，他們可能就再也不會信任或接受你，甚至還會將你永遠驅逐。這就曾發生在我身上；我當時是教會的足球隊員，但練球有點懶散，沒有全心投入，最後被迫離隊。我當時覺得，這大概是最糟的下場了！（但羅馬士兵可能不這麼想，因為他們只要在攻擊中畏縮不前，就會招來殺身之禍，而為了要讓這種殘酷的懲罰確實執

行，如果有人放過在戰爭中畏縮不前的人，也算是犯了死罪！）

4. **建立起「難以預料」的名聲：**這可能聽起來有點扯，但也有意想不到的效果。如果大家都覺得你難以預料，有時候反而可以從中得利。我還是個理學院大學生的時候，有個化學系的同學，從一家知名塗料公司領了大筆獎學金，但他還真是個瘋子：他有一次從實驗室的一頭，把乙醚倒進水槽裡，再跑到另一頭的水槽，點了一支火柴放在水管口，想看看需要多久、乙醚蒸氣才會散到另一頭而引發爆炸。幫他付學費的公司聽到這件事，就決定放棄當初和他簽訂的就業合約，於是他這種「行為難以預料」的名聲，成功讓他在畢業之後躲開那份薪水不優的工作。

5. **訂下合約：**有些合約完全無法反悔，就像是浮士德和魔鬼簽的合約一樣，然而大多數的合約都還是可以再協商的。為了強化合約的約束力，便需要額外的條件，例如違約條款。但執行違約條款的人或法人團體，也得要有負起這項責任的好理由；例如，假設有位負責地方城市規畫的官員接受賄賂，雖然建案品質差勁、與合約的要求完全不符，他也睜一眼閉一眼隨便通過，違約條款就幾乎失去作用。

6. **採取邊緣運用策略：** 站在銀行櫃台前的男人大吼：「把錢袋拿過來，否則我就開槍了！」這樣的威脅，可信程度有多高？這時的重點大概不是可信程度，而是代價問題，萬一威脅成真，代價就實在太高了，而這也就是邊緣運用（brinkmanship）的重點。這個詞是在1956年冷戰高峰期、由美國總統候選人史蒂文生（Adlai Stevenson）所創，用來批評當時的國務卿杜勒斯（John Foster Dulles）「將我們帶到了核戰深淵的邊緣」。我在這裡講到邊緣運用策略，只是要表達一下，可信的承諾有時候就是要讓逃避或反悔的代價變得很高，而這也是方法之一。但在現實生活裡，用這種方式來達成合作，也太誇張了！

刻意不留退路

大致的方法有三種，最後一種最恐怖：

1. **第三者代管協商：** 如果是具有法律約束力的合約，這裡的第三者就是法律。而很多時候，雖然還沒有正式到法律合約的程度，但仍然算是個協議合約。像是弟弟和我分攤家事的時候，我們的口頭協議也可以算是合約，而之所以不會有違約的問題，就是因為我們交給第三者來代管協商——我們的老爸！

2. **破釜沉舟**：把信投到郵筒、按下電子郵件的「傳送」、手機留言後按結束通話鈕、或是寫下遺囑，都是破釜沉舟的表現。做完了，就是完了。如果承諾沒有後悔的餘地，這樣的承諾就算是可信。

破釜沉舟的方式很多，哲學家維根斯坦（Ludwig Wittgenstein）想要過個清心寡慾、不受金錢牽絆的生活，便採取了一種不尋常的方法：將他的大筆財富經過精心設計分給各個親戚，如果他們想還錢，都會蒙受巨大損失。而率領西班牙艦隊入侵阿茲特克的柯爾特斯，把船鑿沉的時候，也是用一種誇張的方式，來表現他失去了坐船離開墨西哥的選項。

我的兩位朋友決心要高空跳傘的時候，則找到另一種方法。當時兩人嚇得要命，都說：「你先跳，我再跟。」但兩人又都不相信對方真的會跟在後面跳下來。最後他們讓這個承諾變得可信的方法，就是兩人都握住對方的手腕，只要一個跳了，另一個就不得不跟著下去。

3. **讓命運來決定**：這並不是說像是丟丟銅板或擲擲骰子，而是採取某些行動，然後等待著無法確定、也無法改變的未來。在柏格曼（Ingmar Bergman）所執導的精緻感官喜劇「夏夜微笑」（*Smiles of a Summer Night*）裡面，就有一個經典例子：俄羅斯輪盤遊戲。兩位男士為了爭取女士的愛，決定用這個危險的遊戲來解決問題，在左輪手槍的六

個彈槽中裝進一顆子彈，在不知道哪一槽才有子彈的情形下，兩人輪流朝自己開槍。電影畫面中只呈現出案發現場那棟夏屋的外觀，而在一段久得叫人難耐的寂靜之後，傳出一聲槍響，不久之後，先有一個人走出來，大聲笑著——接著另一個人也走了出來，臉上都是黑色的粉末。原來，第一個人在槍裡裝的是空包彈。

電影「奇愛博士」也是個特別有力的例子，可以說明如果限制了自己的選項、但又沒能讓對方知道，會有什麼後果。在片中，蘇聯的末日機器正是限制了自己面對戰爭時的選項，但遺憾的是，他們還沒來得及告訴西方強權這件事，美國那邊瘋狂的將領瑞普（Jack D. Ripper）就已經一時衝動，發動了核戰第一擊。結果就是大毀滅，名字聽來響噹噹的「國王」少校跨坐著核彈，朝向地面墜去，而核彈在他的胯下位置，也正象徵著他將對人類世界幹出什麼事。

慷慨和利他

只要承諾可信，就算各方之間沒有信任的默契，也能成功。但如果能培養出信任的默契，合作就更簡單。問題是要怎麼做？

要得到信任，方式之一就是對別人慷慨大方一點，不要求

回報。慷慨常常算是利他行為的一種;「利他主義」單純就是犧牲自己、幫助他人,而慷慨則還隱含著「大方給予」的態度。著名的蘇格蘭歌手勞德(Harry Lauder)可是既不利他也不慷慨,他有一次在愛丁堡的街上碰到慈善募款,硬是要他「捐到心痛」。據說他眼眶含淚、回答道:「這位女士,我光想就痛了。」

但對我們大多數人來說,並不會痛得那麼誇張,因為利他行為會獲得回報——甚至連慷慨的行為也會。這種觀點可以用我最近在雪梨公車上看到的標語來解釋,上面寫著:「多為別人想,也能讓自己快樂。」這種感覺可能也像是信任,與腦中催產素的濃度有關。雖然不能太過簡化、說我們的感覺都是由腦中的化學作用和生理作用所掌控,但這的確也是重要因素之一。像是就有強力的證據顯示,在慈善活動中有所付出,會使腦中的相關區域變得活躍。慈善團體知道有這種反應,也就好好善加利用了一番(而這也沒什麼不合理的)。

這種「有所貢獻」的良好感覺,大大鼓勵了許多科學家,甚至願意犧牲金錢等等,只為了有機會參與過程。對科學家而言,做研究的獎勵,來自於和其他科學家交流學習,但也還有很多其他好處,對每個人的重要性各有不同。好處之一是領會的喜悅,這也是最多人的主要動力。第二則是同儕的認可。另外對某些人而言,如果有個成功的發現或發明,也可能(偶爾)得到一些金錢上的獎勵。但到頭來,許多科學家覺得最好的獎勵,卻是「有所貢獻」的利他感受。

科學家發表各種研究成果，就像是在沙灘上留下足跡，也代表各種發現能夠自由流通。像這樣共享資料和想法，使科學家之間營造出強烈的信任氛圍。但也正因此，每當有科學家為求虛榮的面子問題而作假，總是叫人格外吃驚。曾經有位科學家，則是在老鼠的「面子」上動手腳：他宣稱已經成功將一隻黑鼠的小塊毛皮移植到一隻白鼠身上，但他其實只是拿奇異筆把白鼠塗黑，結果這個騙局讓移植醫學界的進展倒退好幾年。

信任關係

由於科學具有開放性，能夠驗證檢視各種主張，因此可以找出騙局。科學家之間能夠保有信任，也是因為科學家是一個緊密的小社群，而維繫的力量就是信任。在很多文化中，信任也扮演類似的角色，像在日本，福山（Francis Fukuyama）在《信任》＊一書中便提到：「整個日本經濟的各個層面，都可見到基於禮尚往來而形成的道德義務網路，即使是無關的人之間，也能產生高度的信任……日本文化中的某種特質，讓人彼此之間容易形成禮尚往來的義務，而且能夠維持相當長的時間。」

早期澳洲拓荒者之間也可見到類似情形，只不過名稱叫做

＊ 譯注：*Trust*，中譯本由立緒出版，1998 年版書名譯為《誠信》，2004 年版改譯《信任》。

「夥伴關係」（mateship），定義則是「強調平等與交情的行為準則」，這是當時應付環境艱難而形成的機制，維繫的力量就在於不論遇到什麼情況，夥伴都不能讓彼此失望。這裡的重點不在於自己是否信任對方，而是要把夥伴看得比自己更重要，藉而贏得他人的信任。

但夥伴關係的另一面，就是沙文主義、侵略主義、種族主義，原因出自於對圈圈之外的人感到懷疑，認為他們尚未贏得圈內的信任。政治科學家普南（Robert Putnam）在《獨自打保齡球》（*Bowling Alone*）一書中，便曾研究人類這種不相信外界人士的傾向，並找到確切證據顯示，社群中的族群愈多元，不信任感也就愈高。某些人可能會特別失望，因為在他們的想法中，長久下來，文化多元性應該能讓人更懂得體諒和信任，鼓勵創意，提升經濟生產力。

普南的研究叫人吃驚的地方在於，對外界的懷疑，並不會使得內部更團結，反而正好相反。他訪問了很多不同社群的人對彼此的信任程度，除了發現人們對不同族群的人較不信任之外，還發現如果整個社會裡的族群愈多，就算是同一族群的人，彼此的信任度也會下降。

普南在2006年的一場演講中便主張，我們必須學習更適應多元性：

接下來數十年，多元族群的情形還會在所有現代社會中大量增加，部分原因是移民。我們無法阻止移民和多元化，

而長期來看這也是好事；如同美國歷史所揭示的，整體而言多元族群是重要的社會資產。但就中短期而言，移民和多元族群會挑戰社會團結、抑制社會資本……移民社會〔在過去〕已經克服這種分裂的情形，方式是建立起新的、跨族群的社會團結，以及更包容的身分認同。

有一種方式可以建立起各社群內的信任，而且有時候看來可以克服種種困難。舉個例子，太太和我在2007年造訪克羅埃西亞。克羅埃西亞人在過去十年和塞爾維亞人發生長期衝突，因此在我們走過的幾個村子裡，屋上彈痕遍布。（想想如果你住的地方也這樣，會是什麼情景。）但神奇的是，現在村子裡的居民組成，仍然包含了克羅埃西亞人和塞爾維亞人，就是以前的村民族群。因為他們認為自己是同一村的人，長期下來，這就成為社會的凝聚力，而跨越了種族上各種憤怒和懷疑的分化力量。

看起來，普南所謂的「跨族群的社會團結，以及更包容的身分認同」，的確發揮了功效，成為促進信任及合作的工具。

不信任的障礙

然而，「更包容的身分認同」從比較廣的角度來看，有重大的缺點，因為如果認同某個團體，就不可避免的會輕視不屬

於該團體的人；反映在歷史上，重大衝突的主要原因，也常常正是種族、文化、宗教上的差異。

二十世紀前半葉的各大思想家都認為，要避免這種衝突，唯一的辦法就是成立世界政府，賽局理論家則稱之為所有國家的「大聯盟」，但不管名稱怎麼叫，保證都不會成功。

想讓所有國家、種族、宗教都走向同一方向，不啻為天方夜譚。賽局理論家已經告訴我們，不同的團體常常相信，在合作時作弊而追求自己的目標，可以得利更多；然而，最後就會落入囚犯困境或是其他社會困境之中。

不信任的情形實在太多，讓歐洲議會或聯合國之類的國際組織束手無策。〈歐洲聯盟基本權利憲章〉只能「鄭重宣告」各種普世價值和人權，卻沒有法律上的力量，原因就在於各國不願意彼此信任，將這種力量交到別人手中。〈聯合國憲章〉也說要「免後世再遭戰禍」、「重申基本人權」、「維持正義，尊重由條約與國際法其他淵源而起之義務」，以及「促成社會進步及較善之民生」，但如果看看那些理論上簽署了〈聯合國憲章〉的國家，發生了多少戰爭和侵犯人權的事件，就能知道聯合國多半失敗而少有成功。

講到信任，有很多相關因素，像是教育、道德領導、承認他人的權利，以及跨越內在心理障礙，不勝枚舉，而賽局理論在其中的角色，就是建構並錘煉出能夠帶來信任的策略。

除了前面所舉的各點（譬如訂下合約，第三者代管協商等等），還有兩項：使用儀式，以及直接付出信任；這兩項都能

符合賽局理論家的要求，應該可以帶來可信的承諾。

儀式

　　想得到信任，一種方式在於限制自己的選擇，而辦法之一就是將這種限制轉為儀式，公開舉行，詔告天下。如果儀式還能帶有社會壓力或宗教信仰，力量就會更大。

　　自然學家艾登堡（David Attenborough）就提過一個有趣的例子，他剛開始當外景主持人的時候，曾經到過太平洋的瓦努阿姆巴拉武島（Vanua Mbalavu）。「〔我們拍了〕一種很少人知道的釣魚儀式……很多人連續游泳數小時，攪拌湖底積泥，好釋放出沼氣〔硫化氫〕，讓湖水變成微酸性。幾乎就在那一瞬間，湖面上到處都有魚跳出水面。將這種事件儀式化、交給祭司控制，好處相當明顯：湖其實相較之下並不大，沒有設限的話，魚恐怕一下就抓完了。」

　　這種獨特儀式的目的非常明確：保護湖中漁貨的供應量。早期的人類學家，像是弗雷澤（James George Frazer），認為所有的人類儀式都有類似的實質目的，但這種說法並非人人同意。例如維根斯坦，就認為弗雷澤忽略了儀式中表現和象徵性的面向，而主張：要研究儀式對生活已然產生的內部意義，才能真正了解儀式。

　　目前的證據顯示，人類的公開儀式其實兩種目的都有，可

以讓公眾抒發情感，也能讓參與者完成特定目標。像是很多的結婚儀式就能滿足情感上的願望，要公開表達愛意，也讓雙方承諾某種實質義務關係。早些時候，社會壓力能確保這種承諾可信，不過當時的承諾和現在也有所差異，例如，現在只有很少數的女性會在結婚的時候，就將名下所有財產轉給先生。

但有些時候，老儀式還是有用。像是英國薩默塞特郡（Somerset）每年都會舉辦皮迪綿羊節（Priddy Fair），販賣綿羊和馬匹。販賣馬匹的時候，賣馬的吉普賽人只要拍一下手，就代表已經成交，如果買方還想討價還價，恐怕就會吃頓排頭。在其他國家，如果房子的買賣價格達到雙方接受的特定價格，也可能是儀式性握個手，就代表具有約束力的合約已經成立，賣方依法必須以該價格將房子賣給買方。

在這兩種情況裡，這個承諾都屬於可信的——賣馬的例子中，社會壓力會懲罰想作弊的人；買賣房子的例子中，則是由法律來加以懲罰。如果你表現出自己承受到這種壓力，就能表明你的承諾可信。但有的時候，根本就不需要有什麼壓力，只要表示信任就夠了。

付出信任

人際關係諮商師常常強調「信任」在親密關係中的重要性。信任代表兩件事：接受（「我能信任這個人會接受我

嗎？」）以及承諾（「我能信任這個人會信守承諾嗎？」）。

　　在範圍較大的社會關係中，信任也同樣具備這兩種意義。如果想讓自己的承諾看來可信，有一種出人意表的方法：先讓對方知道，就算他還沒證明自己值得信賴，我們也願意信任他。這種方式可以起一個信任的頭，讓對方也願意付出信任，做為回饋。政治理論家兼哲學家佩提特（Philip Pettit）把這稱為「展現信賴的起頭效力」，哲學家豪斯曼（Daniel Hausman）則說這是「信任機制」，不論怎麼稱呼，這已經慢慢成為我們日常生活中的一件大事，除了推動經濟，也促進層面更廣的團體合作。

　　有時候，我們信任他人是出於自然，而非刻意，像是在公共場所掉了東西，就會不自覺的相信路人，希望撿到的人會大發善心把東西還回來。《讀者文摘》曾經做過實驗，看看這種希望究竟有多大機會能成真。研究者在世界各大城市隨處擺了總共960隻中價位手機，再隔著一段距離撥電話到手機上，然後觀察有沒有人會撿起手機、接起來電，並把手機還給失主。神奇的是，總共有654隻手機最後都物歸原主，代表信任機制還真有幾分道理。

　　各大城市之中，斯洛維尼亞的首都盧比安納（Ljubljana）的市民最值得信賴，30隻手機裡，有29隻都回來了，紐約也不遑多讓，有24隻物歸原主。我的家鄉雪梨有點令人失望，只見到19隻的蹤影，但至少還贏過以美德聞名的新加坡，只回來16隻，而香港更是只剩下13隻。

民眾歸還手機的理由相當發人深省。最常見的理由是，他們自己曾經掉過某件價值不菲的物件，不想讓別人也受這種苦。父母親的家教方式也有兩種；有一位其實相當窮困的巴西婦女解釋說：「我可能沒什麼錢，但我的孩子一定要知道誠實的美德。」而一個新加坡小孩的理由則是：「爸爸媽媽說，不是自己的就不能拿。」

　　如果用上賽局理論家的「效用值」概念，這些解釋都說得通：對這些人而言，不論是因為歸還手機令人感覺開心，或是私吞電話讓人良心不安，兩者都打敗了手機本身的物質價值。從這個結果看來，信任機制的實際運用也是大有可為，只要選對情境，付出信任也不太會吃虧。

　　選擇情境常常得靠經驗，但令人意想不到的是，如果我們不顧一切、全然信任，也常常會得到對方的信任。

　　我有一位前同事就有這種經驗，她從學術界跳槽進了產業界，接著就和一群新同事給派去參加為期一週的人際關係成長營。他們才剛到，訓練員就要他們統統站上一根橫跨渾濁小溪的巨大圓木，而我的前同事剛好站在最尾端。

　　接著，訓練員告訴她，要她想辦法走到另一頭，而且不能掉進溪裡。她唯一的希望，就是要信任其他每一位夥伴，讓她能藉著他們的協助抵達彼岸，她後來說，那大概是她這輩子最緊張的一次經驗。但很多參與過這類成長課程的人都會知道，這還真是行得通。賽局理論家也許會說，這是因為付出的信任會得到他人回報的信任。

這種「付出信任就會得到信任」的循環，構成對等互惠的封閉迴圈（「我相信你會相信我會相信你會相信我……」）。如果條件無誤，信任就會開始成長茁壯。政治理論家佩提特，對這個過程是這麼描述的：「信任在人際間具體成形，終至足以讓人開始相信彼此，使得信任成為合理的態度選項；於是信任也就存留在人際之間，證明『相信彼此』是正確的選擇。」

　　這是一種循環的邏輯，就像是中世紀神學家安瑟倫（Anselm）對基督教信仰的主張（「不是理解了才能信仰，而是信仰了才能理解」）；安瑟倫在還不理解的時候，就願意信仰，於是才能進入這個迴圈循環。賽局理論會說，在信任的迴圈循環裡，最好別管對方是否值得信任，就先付出信任吧。

　　如果選擇付出信任、以顯示自己的承諾可信，其實就是賭運氣，看是會得到信任的回報，或是不巧對方不值得信任，而讓你有所損失。但只要展露信任的舉動，就已經能影響結果，因為這代表對方已經得到些什麼（你給了他們正面評價），而他們並不會想白白損失這項所得（用賽局理論的話來說，這是他們可先得到的「獎勵」）。就算他們還沒有做出什麼值得你信任的舉動，你先付出信任，情勢就已經對你有利，而且能使他們也更值得信任。像是在工作上，相信某人而將一些責任交給他，也的確能讓他更為負責。

　　在諮商師與案主的關係裡，信任特別重要。我太太正是一位心理諮商師，採用的是羅傑斯（Carl Rogers）的個人中心治療取向，最強調的就是無條件對案主表現出積極關注的態度。

我有幾次和她一起去參加他們的工作坊，就體會到羅傑斯式的那種真誠信任。參與者圍成一圈，如果覺得時機對了，就向大家吐露自己心中的祕密，而一旦大家看到別人願意信任自己、分享個人的經驗，也就變得願意分享自己的小祕密。我自己也沒想不到，有幾次甚至我也講了自己的祕密，因為他們信任我，所以我也願意信任他們。

付出信任，有時候會有意想不到的效果。我參加了一個叫做「漂書」（BookCrossing）的組織，成員將自己看過的書留在公共空間，讓無意間發現這本書的人也可以享受閱讀的樂趣，再依樣傳給下一個人。書皮上會貼一則訊息，告訴拿到書的人這套模式，並提供一個網址，讓讀者可以去貼上自己的意見評論。大部分的書就這樣流動不息，有的甚至在轉過幾十手之後，又回到了原先的書主手上！

信任機制的功效與情境有密切關係。像是如果有人想如法炮製，來個「漂汽車」運動，我想大概是行不通的，就算只是「漂腳踏車」，恐怕也得配合嚴厲的罰則規定之類，才能成功。1993年，英國劍橋曾經試行過社區腳踏車計畫，提供公共腳踏車讓民眾自由在城內使用，騎完就放著讓別人接手。但這項計畫沒能維持多久，全部總共三百輛腳踏車在第一天就被偷光，該計畫也就再無下文。

很多人相信，這項計畫之所以失敗，是因為劍橋有太多專業腳踏車賊，而他們才不管其他人會對他們有什麼看法。類似的計畫在其他一些地方倒是相當成功，部分原因是劍橋這件事

讓其他人學到教訓，而採用了某些保障措施（像是在腳踏車上裝電子辨識標籤），一方面提高受罰的機會，一方面減少因作弊而受惠的機會。

我們的確常常能跨越不信任的障礙，找到方法來引起信任、並維持信任，但如果希望合作可長可久，就還需要其他策略。

1986 年，賽局理論家拉普波特（Anatol Rapoport）就找到其中另一項關鍵，形式上就是「一報還一報」，依照對方的行動來回應，如果對方合作，我也合作，如果對方作弊，我就以不合作來報復。如果雙方未來還會常有往來，這套策略就十分有用，因為雖然作弊或許可以讓人一次大撈一筆，但如果受害者有機會報復，最後算算恐怕不見得划得來。很多物種都會用「一報還一報」的各種類似策略，讓自己在團體中維持他人的信任。

「一報還一報」可能可以帶來「你幫我抓背、我也幫你抓一抓」的合作方式，但也可能招致「以牙還牙、以眼還眼」的衝突形式，正如許多目前看到的社會及國際衝突一般。賽局理論家和其他學者都曾認真思索，要怎樣才能讓這種策略帶來合作、避免衝突？我會在下一章提出我調查研究的結果，以及從中得出的結論。

第 7 章
一報還一報

　　我七歲生日的時候，爸媽送我一本維多利亞時期的童話故事書《水孩兒》（*The Water Babies*）當作禮物，而我也從故事裡面的兩個角色，學習做人處事的道理，分別是「推己及人夫人」（Mrs. Doasyouwouldbedoneby）以及「以牙還牙夫人」（Mrs. Bedonebyasyoudid）。

　　這兩個角色的道德觀南轅北轍，但都是基於「一報還一報」的原則，如果雙方會不斷往來，就用得上這種策略。賽局理論家發現，如果想逃脫七大困境、達成合作，「不斷往來」會是關鍵。因為害怕未來遭到報復，現在就不會作弊；而如果現在合作愉快，未來合作的機會也就大增。

　　「推己及人夫人」和「以牙還牙夫人」象徵兩種促成合作的方式，前者用的是獎勵，後者用的是威脅。《水孩兒》的主角是掃煙囪的小男孩湯姆，他跌落河中，變成了一個水孩兒，而這兩位夫人就成了他的道德教母。「推己及人夫人」真是有

157

夠像我媽，老是嘮叨：「想要別人怎麼對你，就先這樣對人家。」就算湯姆沒照著規矩來，她也不會直接處罰，而是給他道德上的情緒壓力，讓湯姆知道自己違規讓她多傷心，而讓他好好反省反省。到現在我還會作這種惡夢。

「以牙還牙夫人」也很嚇人，但方式不太一樣。她是個十足的紀律份子，就像我的老奶奶，火氣超大，而且能夠嗅出一絲一毫的壞念頭，再降下彷彿是聖經舊約裡的那種天火，徹底鎮壓毀滅。倒楣的是，偏偏老奶奶嗅出的老是我的壞念頭。

有一次，她還真是「嗅」出來了。那次我偷拿了爸的菸斗，躲在樹籬後抽上兩口。我也不過就想靜一靜嘛，結果給她追得繞花園跑了三圈，還激發出我的驚人潛能，一翻而過花園籬笆，逃到隔壁的長老會教堂。我在教堂的繡球花圃吐個亂七八糟，她還能攀著籬笆唸道：「回來就有你瞧的！」等我回家的時候，她已經萬事備便，菸斗裡裝滿菸絲，手上還拿著一盒火柴。她逼我整管抽完，想讓我學點教訓，以後不敢再犯。我常常想，我日後養成抽菸斗的習慣，會不會只是潛意識想反抗這段記憶？

「推己及人」和「以牙還牙」是兩種完全不同的與人互動方式。「推己及人」是互惠的做法（也有人稱為「黃金法則」），從蘇格拉底以降，一直受到哲人青睞，認為是落實道德的基礎，同時也得到世上各大宗教贊同。耶穌在〈登山寶訓〉裡說道：「你們願意人怎樣待你們，你們也要怎樣待人。」先知穆罕默德在最後一篇講道中告誡信眾：「己勿傷人、人不傷

己。」孔子也在《論語》裡說：「己所不欲，勿施於人。」達賴喇嘛則換了一種說法，十分發人深省：「如果你希望別人快樂，就對別人多一點體貼同情；如果你希望自己快樂，還是要對別人多一點體貼同情。」

互惠原則是許多人奉行的道德法則，超越各種宗教的界限。許多哲學家更加以精進，像畢達哥拉斯就說：「想要鄰居怎麼待你，就先怎麼對待鄰居。」德國哲人康德講得更明白，甚至將這做為他定言令式（categorical imperative）的範例之一：「人的行動必須遵守行為準則；行為準則的標準，就是你能夠做到、也願意讓所有人共同遵守。」根據康德的說法，定言令式是一種絕對、超脫於情境之外的要求，適用於所有情形，其本身就是目的。

我們自己做人處事的理想，就是先採取互惠原則，而先別太在意他人可能如何回應。對「推己及人夫人」而言，這也是很實用的策略，像她就曾對湯姆說：「如果想要別人相信你，最好的辦法就是先表現出你相信他。如果想要別人愛你，最好的辦法就是先表現出你的愛。如果想要和別人合作，可以試著自己先表現合作的態度。」

「推己及人夫人」的策略，是基於人性本善的想法，也與《水孩兒》作者金斯利（Charles Kingsley）身為社會改革者的理念相同。至於「以牙還牙夫人」，她對於人類的行為和價值觀就沒那麼有信心。「以牙還牙」是基於恐懼，像她就說：「你不能真正相信誰，所以如果需要合作，最好的辦法就是威脅那

些不合作的人。而如果你想要別人都順從你、遵守你的規定，最好的辦法，也就是威脅他們。」

不論是「推己及人」或是「以牙還牙」，都是針對個體之間不斷往來的情形，希望能取得合作、維持合作。

像是在美國伊利諾州南部的凱奇河（Cache River）溼地周邊沼澤，美洲棕頭牛鸝（brown-headed cowbird）就用上了「以牙還牙」這一套，形成類似黑社會的勒索行徑。每當其他鳥類下蛋的時候，牛鸝就會過來將自己的蛋也下在一起，並撂下狠話：「如果想要你的蛋平安無事，最好把我的小孩給顧好。」只要其他鳥類乖乖聽話，就萬事太平，但如果牠們太不識相，沒把牛鸝的幼鳥照顧好，牛鸝就會回來報復，吃掉其他幼鳥，或是將巢整個毀掉。

至於田鼠，則採用「推己及人夫人」的策略，而且成效斐然。實驗中將田鼠關在相臨的籠子中，只要按下槓桿，隔壁的田鼠就能得到食物，而隔壁的田鼠得到食物後，也比較願意去按下自己籠子裡的槓桿，讓鄰居也飽食一頓。換言之，田鼠得到陌生田鼠的好意時，也會展現出自己的好意。最後，所有籠子裡的田鼠都展現出利他行為的傾向。

賽局理論學者將這種反應行為，稱為「互惠利他行為」（reciprocal altruism），而且不只田鼠會這麼做。像是吸血蝙蝠會餵食其他當晚沒吃飽的同類，而曾接受餵食的蝙蝠也會心存感激、知恩圖報；黑猩猩會和素不相識的同類分享食物，甚至如果看到人類有想拿木棍的動作，牠們也會像人類的小孩一

樣，主動來幫忙。

「推己及人」和「以牙還牙」都促成了合作發展，但如果要二者擇一，應該選哪個？兩者都有一些風險：採用「推己及人」的黃金法則，可能他人並不會用互惠利他行為來報答；採用「以牙還牙」的報復威脅，只要對方不屈服，就可能發展成雙方不斷互相報復，永無寧日。

這種風險可不是說說而已，特別是如果有一方是個氣呼呼的小孩，覺得自己遭到不公平的對待。像我奶奶逼我抽菸斗之後，我就在她床上放了一隻青蛙做為報復。她又向我爸爸告狀做為報復，讓我下場十分悽慘。我想還是先別講我究竟做了什麼來報復，不過，第2章講到我把一枝火箭射進她的房間裡，倒也不見得全是場意外就是了。

互相報復的惡性循環之所以會展開，是因為其中一方覺得受到不公平的對待。我曾碰過一個有趣的例子，當時我是政府組織裡的研究員，而有些技術人員上班老是遲到，管理階層決議，解決辦法就是他們上班得用簽到本簽到。但又有些技術人員覺得不公平，為什麼研究員就不用簽到？

對於講究平等的澳洲人而言，解決辦法再明顯不過：把簽到本偷走！管理階層面對這個情形，威脅如果沒人把本子交出來，就要提出制裁。後來簽到本是回來了，管理階層便把本子釘在一張堅固的木桌上，好確保本子不會再度遭竊。第二天，連桌子也一起不見了！後來，再也沒人再提簽到本這回事。

遺憾的是，在成人的世界裡，互相報復的惡性循環可能造

成更嚴重的後果，包括離婚撕破臉、永無止境的宗教暴力紛爭、恐怖主義，以及戰爭。中東地區的自殺炸彈客，導致飛彈攻擊做為報復，再引來更多自殺炸彈客，雙方永無寧日。在這種一報還一報的循環裡，沒人能說這是「最後一次」。如果想靠「以牙還牙」來建立合作關係，就得找到方法打破循環，或是根本一開始就不要開始這種循環。

打破循環

　　要打破互相報復的惡性循環，想當然耳的方式就是其中一方別再報復。劇作家王爾德就曾說：「永遠要原諒你的敵人──這樣才能弄得他們真正難過。」這之所以能讓敵人心煩，是因為這樣他們就沒有理由繼續爭戰。像我有一次從主日學回來，那次的講道是關於寬恕，而我心中也充滿著這種純淨和喜悅，因此我在爸媽面前，把奶奶之前對我所做、而爸媽都不知道的一些懲罰手段全抖出來，然後原諒了她。雖然奶奶和我還是看不對眼，但至少從此之後就沒再互相報復。

　　另一種打破循環的方式則是道歉，譬如我和太太之間就是擁抱一下，說聲「對不起」。只要是正在交往或已經結婚的人都知道，這事沒想像中簡單，但我和太太已經達成共識，只要哪個發現我們已經掉入互相報復的惡性循環，就馬上用這招化解僵局。

如果沒能打破這個循環，就可能落入長期互相報復的局面，例子就像是澳洲「失落的一代」。從1900到1970年間，國家政策是將有原住民血統的孩子強制與家人分離，交由白人寄養家庭或孤兒院來安置，這種做法原先是出自一片好意，要讓這些孩子得到「更好」的生活機會，但這種做法對這一代孩子和其家人的影響既深且遠（如同電影「孩子要回家」*裡面的情景）。繼任政府都不願對澳洲歷史上這羞恥的一章提出道歉，造成一連串反控和辯護的循環，但現任政府勇敢面對，向受影響的個人及家庭無條件致歉，於是，歷史的巨大傷口開始癒合。或許其他政府或是分裂的社會，也能從中學到些什麼吧。

　　當然，最好的方式就是防患於未然，讓循環根本不要開始。「推己及人夫人」的互惠原則就是先發制人，在報復的惡性循環剛要萌芽的時候，就斬草除根。「推己及人夫人」提出的建議是：「只要是會引人報復的事，都不要做，而是要將心比心，希望別人怎麼對你，就先怎麼對人。」

　　我們其實常常都能將心比心，這現在也稱為「好撒瑪利亞人悖論」，典故出自「好撒瑪利亞人」寓言（路加福音10:25-37），說到一個好心的撒瑪利亞人，雖然知道以後可能再也不會見到眼前的陌生人，他還是願意伸出援手、善加對待。這種利他行為既會對個人造成不便或損失，而且又可能不會有獎勵，那麼究竟是怎麼發展出來的？這實在令人百思不解。說

---

* 英文片名為Rabbit-Proof Fence（防兔籬笆），港譯「末路小狂花」。

不定這種行為和物種演化無關，而是人類自己的發明。如果真是如此，或許我們就可能想出其他合作之道。

作家杜瑞爾（Lawrence Durrell）曾在希臘周邊島嶼住過一段時間，他從生活經驗中也發展出了「推己及人」的變體，表示「想讓希臘人卸下武裝，只要一個擁抱就成」。他住在賽普勒斯的時候，正值恐怖主義爆發、撕裂國家前夕，某天碰到一個機會，可以測試他的這種想法。

當時有個醉氣衝天、怒氣沖沖的鄰居，抓著一把刀揮舞，嘴中還不停咒罵村子裡怎麼有英國人，杜瑞爾非但沒有教訓他一頓，反而上前給他一個擁抱，告訴他：「別讓人說希臘人和英國人得這樣砍來砍去吧。」醉氣衝天的鄰居驚訝萬分，連忙說：「沒錯，你說得對。」就將刀子收了起來，並回給了杜瑞爾一個擁抱。

然而，也不是人人都遵守互惠原則。對人好，可能被看成是軟弱。像是我有個朋友曾經好心收留某個人住在家裡一個禮拜，結果那個人居然賴著不走長達半年！我當學生的時候也曾有件丟臉的事。學期剛開始，有位同學讓我用他耐心煮沸的水來加熱實驗樣本，結果接下來整個學期，我一直用他的沸水，想都沒想過要自己來燒。到了第二學期，換他總是來用我的沸水，自己都不準備。我想，我也是自作自受。

推己及人和以牙還牙的妥協做法

有什麼辦法，可以讓我們在促成合作的時候，既能避免互相報復的惡性循環，又不會被人視為軟弱、試著占我們便宜？密西根大學的賽局理論家艾克索羅德（Robert Axelrod），在1980年找到了一個簡單到不可思議的答案，當時他舉辦了一場「囚犯困境」的電腦對抗賽，邀請同領域的學者寫程式來參賽。

參賽程式兩兩對抗，依據對方程式的上一步，選擇要合作或是要背叛。一如所有的「囚犯困境」（不管是電腦模擬或是現實生活），如果對方選擇合作、而自己選擇背叛，得到的報酬最高；雙方合作的話，報酬低一些，雙方都背叛則更低，而如果自己選擇合作、對方選擇背叛，則報酬為零——賽局理論家稱此為「笨蛋的報酬」（sucker's payoff）。

八位賽局理論家應邀參賽，各自想出了一些相當了不起的策略，但等到真正上場對戰，最後的贏家策略竟是再簡單不過。優勝程式的設計者是多倫多大學的教授拉普波特（已於2007年去世），他的程式策略，說穿了也就是第一步採取合作，之後依照對手的動作加以回應；換句話說，先採取好心的「推己及人」策略，但只要這步行不通，就馬上改採「以牙還牙」加以報復。

艾克索羅德不太敢相信，這麼簡單的一招，難道真這麼有效？因此，他舉辦了大型對抗賽，吸引了來自六個國家的六十二位參賽者，但不管其他策略如何花樣紛呈，是否來自於日常

生活中處理各種衝突合作的經驗心得，最後還是一一敗在拉普波特教授的「一報還一報」程式（TIT FOR TAT）之下。艾克索羅德認為，這可以提供給各國領導人，做為各國往來的基本參考依據。他換了一種說法表示：「不要心存嫉妒，不要想當第一個背叛的人，有恩報恩、有仇報仇，不要想另外耍什麼聰明。」

艾克索羅德在著作《合作的演化》中，提出他對於「一報還一報」程式的著名發現，似乎為合作問題找到了一個簡單又完美的解答，因而對社會學界帶來巨大的影響。

我也想在日常生活中試試看效果如何，終於等到一次地方書店舉辦半價特賣，可以親自試試。當時地上到處是一堆一堆的書，人來人往的挑著、選著，看看書名，接著收到手裡，或是再放回去。我開始試著和旁邊的人合作，如果是我不要的書，我會先讓他瞄一眼，之後才放到一邊去，裡面有些剛好是他要的，他就能先拿走。

很快，他也開始讓我瞄一下他拿起來的書，這樣一來，我們就能很快瀏覽過許多書籍，快速看過成堆的書。在某個時點，他不再讓我看他拿起來的書，而我也立刻不再拿書給他過目，他立刻了解我正對他的不合作展開報復，於是又開始合作了。

在這個案例中，「一報還一報」的策略看來的確能成功開啟及維持合作關係，但這個策略的主要價值，則在於讓我們從新的觀點來看合作問題，特別是對演化生物學家，因為他們

總是在思考自然界中要如何因應「適者生存」的情境，而演化出合作關係。「一報還一報」的策略讓他們找到了部分的解答：自然界中不一定只能彼此不斷互相報復、最後只有最強壯的占據王者地位，生物也能演化出「你幫我抓背、我也幫你抓一抓」的行為，誰最能促成並維持合作，就能在演化上占到優勢。

看起來，能和團體中的其他成員合作，也是生存的關鍵之一。而就人類而言，人類學家現在相信，合作更是生存的主要關鍵，小型而合作密切的社會團體，適應與生存的機率，要比社會分裂下的個人或群體來得更高。

為什麼要當好人？

社會團體要成功合作，成員必須抱持利他且合作的態度，為團體犧牲個人利益。但不論是人還是動物，究竟為什麼要做這種犧牲？我們為什麼要抗拒私利的誘惑（這也是「囚犯困境」的核心）？

生物學家從「近親選擇」（kin selection）找到解答：血緣相近的個體之間若是合作，就能取得演化上的優勢，傳承基因。母老虎保護幼虎的狠勁驚人，而許多人保護幼兒的拚勁也不遑多讓，但是光講基因傳承，並不足以解釋目前所見的各種人類合作及社會行為。例如，面對「最後通牒遊戲」（見第5

章），我們傾向採取公平的做法，但我們和另一方完全沒有什麼血緣關係；關於這一點，主要原因或許來自教養文化，讓人類培養出了「公平感」，以及同情他人的能力。

如果我們能秉持公平及同情，共同克服我們面對的各種社會困境，豈不是好事一件？想達成這種理想，一種方式就是「推己及人」，並希望另一方同樣秉持公平及同情的態度加以回饋。無論對家人、情人，或是同事，這種情形都很常見。面對這些情境中的合作行為，賽局理論家的解釋是，因為其中各方會不斷往來，如果不秉持公平及同情的態度，未來就可能遭到報復。倘若希望社會穩定，要素之一也就在於：即使是可能不會再見面的人，也要同樣以公平及同情的態度來對待。但我們真會這麼做嗎？又為何要這麼做？面對這些問題，有幾項實驗提出了解答。

其中最有意思的實驗，是在普林斯頓神學院，老師請學生到另一棟校舍，分享一下他們對於「好撒瑪利亞人」寓言的想法，但其實這些學生正是這項實驗的受試者，只不過他們並不知道。在他們前往目的地的路上，老師請一位演員倒在門口，不斷咳嗽，表現出痛苦的樣子。實驗目的就在於看看這則寓言是否對學生有正面影響，鼓勵他們身體力行。

結果呢？答案是沒有！主要的影響關鍵在於學生當時趕不趕時間，如果不趕時間，約有三分之二的人會停下腳步來幫忙，但如果時間很趕，就只有一成的人會停下來協助這位「可憐人」，其他人非但未停下腳步，有幾個還匆匆忙忙就從他身

上直接跨了過去。受試的四十人之中，十六人伸出援手，但有二十四人視而不見。實驗主持人認為，這代表個人利益常常大於對公眾的同情，光是同意要有「同情」這種想法，還不足以讓我們身體力行。

我也曾在無意之間，做了個類似的實驗。

我有一次旅行，得去好幾個國家，但大行李箱的一個輪子居然壞了，讓我好生狼狽。路上有些人假裝沒看到，有些人則會問我需不需要幫忙。雖然當時輪子的狀況也還過得去，但我想看看究竟會有多少人願意幫忙，所以就裝出一副很慘的模樣，從機場到街上一路走得跌跌撞撞的。最後根據我的估算，從我身旁走過的身強體健的男性（我的這項實驗鎖定男性），大約每十個才會有一個問我是否需要幫忙，至於各國比例倒是差不多，無論在澳洲、印度、英國、中國或美國，都大同小異。

但是，雖然只有少部分的人如此熱心提供協助，還是讓人好奇，他們為何會有這種利他的舉動？一種說法是，他們天生就有利他的傾向，而另一種說法則是，他們從小就給教導要關心他人，如果看到了還不幫忙，心裡會不太安穩。像耶穌會就有這麼一句：「讓我教育一個孩子到七歲，我就能讓他成為堂堂正正的人。」

這種說法的真實性無須懷疑，不只是因為宗教教養的力量（我到現在還是深受衛理公會的教條影響，揮之不去），也是因為童年教養的結果。童年時期對人生未來的影響程度，從英國電視紀錄片系列「七歲以後！」*可見一斑，片中選定一群不

同社會背景的孩童，追蹤他們的生活，每七年訪談一次（英國版目前已追蹤到49歲），結果發現，他們的人生道路在童年早期便已定出雛型。

像我就知道，自己還是遵守著許多小時候學到的社交法則，彷彿「推己及人夫人」還是在我身邊，控制著我的反應。不過，還有另一股力量要我們行正道、做好事，這股力量就是社會規範。但社會規範又是從何而來？社會是如何推動這種規範的？雖然我們還不清楚其來由，但證據顯示，在背後推動的那隻手，就是「以牙還牙夫人」。

社會規範是合作的重要準則，根據經濟學家費爾（Ernst Fehr）和費許巴赫（Urs Fischbacher）的說法，社會規範是「基於廣泛的共有信念、推斷團體中的個別成員在特定情境下應如何舉措，由此而定出的行為標準」。然而，究竟為何我們會遵行不悖，就又完全是另一個問題了。證據顯示，我們的主要動機是害怕遭到團體中的其他成員制裁。

制裁形式可能只是被討厭，但也可能是社會排斥（social exclusion），甚至更糟。除了直接遭到殺害之外，社會排斥最極端的形式就是流放——流放的英文字ostracism源自於古雅典，如果領導人可能成為獨裁的暴君，或是有某人可能對國家造成威脅，就會被流放十年。但在今天，這個概念涵蓋更廣，像是小女生對玩伴說：「我不要跟你講話了！」或是像未加入

---

* *Seven Up!*，美國版名為 *Age 7 in America*（七歲在美國）。

罷工的人受到罷工同事的排擠，甚至像是在泰國，感染愛滋病的人雖然能用價格低廉的抗HIV藥物撿回一命，卻再也得不到家人接納，只能被迫在佛寺中尋求棲身之所。

以上案例中，團體的成員和受排斥的人彼此都認識，但情況並不一定總是如此。重點在於，實際加害的人得到了社群中其他人的認同。像是紐約有一次服務生大罷工，在罷工糾察線上，就有人帶著隱藏式相機，要把身為工會會員、卻未加入罷工的服務生都照起來，再公布在工會總部，好讓所有會員都知道是哪些人阻礙了罷工。

另一案例中，美國華人社群收到通知，有個中國籍的男性在澳洲一個火車站拋棄了他的三歲女兒，自己飛到美國來。這種行為引起社群中的廣大反感，所以在他試著匿名混入亞特蘭大華人社群的時候，很快就有人從相片認出他來，接著當地人就把他的褲子給剝了，用褲子把他的兩腳綁在一起，等待警察來把他帶走——「以牙還牙夫人」想必十分滿意。

這件案例是「第三方懲罰」的極端例子，施加懲罰的人其實和原先的罪行完全扯不上關係，純粹是看不慣罷了，而這種懲罰正是社會規範的主要執行機制之一，不只代表我們自己表達不滿，更是為社會全體表達不滿。就像在音樂會上如果有人講話，我們都會轉過身去瞪他，這不只是為了自己，也是為了音樂廳的全體聽眾。

我碰過最漂亮的例子是在瑞士，有個觀光客在街上亂丟了一張糖果紙，結果一位當地居民立刻把糖果紙撿起來，追上去把紙交回她手上，再指指垃圾筒，她只好乖乖照辦。那個觀光客的臉紅到發漲，可見得這個舉動真是有效。

　　第三方懲罰是基於我們的個人心理，看到有人不守規範，就會興起一股怒氣（至少也是一股不滿），於是採取行動，維持社會規範。

　　實驗室實驗已證實，我們甚至願意付出一些代價，來完成這種懲罰。像是讓一位旁觀者，觀察另外兩人進行一個類似「囚犯困境」的實驗，他看到其中一人背叛的時候，甚至願意付出真正的金錢，就只為了看到背叛的人遭受懲罰；然而，如果兩人都背叛，他想懲罰其中任何一人的意願也就大幅降低。根據這項實驗的主持人、心理學家史帝文斯（Jeffrey Stevens）和豪瑟（Marc Hauser）的說法，如果雙方都背叛，這種行為就比較不會給視為是破壞社會規範；但如果只有一方背叛，一般就覺得該好好給他一頓懲罰！

　　我們在日常生活中的行為，其實也與受試者沒什麼兩樣。證據在於，許多社會規範其實都是「有條件的合作」；換句話說，只要其他人大部分都遵守規範，我們就樂意支持（例如透過第三方懲罰），但如果太多人都不願遵守，我們就會覺得違規也無所謂，不太擔心有沒有懲罰，是不是第三方也就更不重要了。例如，把垃圾丟在路邊，或是報稅的時候少報一點，我們都會說：「別人也這樣啊，那我為什麼不要？」但最後的結

果，就是造成社會規範的崩潰。

史帝文斯和豪瑟表示：「有條件合作的社會規範，其實是『一報還一報』策略背後的先決機制。」道理在於，這牽涉到**間接互惠**，讓「以牙還牙」這件事可以延伸到整個社會——一旦看到有違反社會規範的事，即使和自己沒有直接關係，還是可以挺身而出、加以懲罰。

只有人類才具備特定心理因素，能夠促成這種建立並維持社會規範的間接方式。史帝文斯和豪瑟特別點出這些心理因素：量化（才能計算獎勵和懲罰）、時間估算（懲罰的威脅才不會太快打折扣）、延遲享樂、找出並懲罰背叛的人、對名聲的分析和回想，以及抑制性的控制。

列出來還真不少！但其中最重要的，在於對名聲的分析、傳播及回想。舉個例子：我去了一家從沒去過的餐廳，我會對餐點和服務品質產生自己的想法，但我不太可能直接告訴餐廳人員（雖然也有例外），而比較可能告訴我的朋友。這樣一來，如果他們也去那家餐廳，就代表餐廳提供給我好的餐點和服務，而從我朋友那裡得到了間接的報答。

實際上，我是應用了拉普波特的「一報還一報」策略，只是回報屬於間接而非直接。只要合作散布名聲的人夠多，這種間接效應就可以讓合作擴展到整個社群。然而，「一報還一報」策略的問題在於，只要有一個環節背叛，後續就可能引發無止盡的報復循環，結局就不會是一個公正又理性的世界，而是像但丁所描述的地獄，報復永無止境。

運用新策略，讓合作持續不斷

我們能不能改進一下「一報還一報」策略，讓合作能夠永續不斷？事實上，還真的可以！諾瓦克（Martin Nowak）和西格蒙德（Karl Sigmund）找出了一種「贏就守、輸就變」（Win-Stay, Lose-Shift）的策略，在艾克索羅德的電腦程式對抗賽裡，表現得甚至比「一報還一報」程式更好，而且也比較接近我們日常生活中的行為模式。

「一報還一報」不講人情，也不讓人有改過的機會，因此在虛擬的世界裡非常吃得開；諾瓦克和西格蒙德的程式叫做「巴弗洛夫」（PAVLOV，與那位研究動物制約反應的著名俄國科學家同名），採取的「贏就守、輸就變」策略是模仿人類特質，會寬恕，有期待。

只要另一方也採取合作，「巴弗洛夫」程式就會一直合作，但與「一報還一報」程式不同的地方在於，如果雙方在上一步都背叛而造成雙輸，「巴弗洛夫」就會主動改採合作策略，而希望對方的程式設計也會有所反應，改採合作策略。諾瓦克和西格蒙德認為，嚴格上說來，巴弗洛夫程式「幾乎就是一種對於報酬的制約反應：如果得到報酬……就重複上一步，如果受到懲罰……就改變行為」。

像是前面那位和我一起逛特價書展的仁兄，在他背叛、而我也以背叛回應之後，就是採取了「巴弗洛夫」策略，再次開

始合作。兩位程式設計者對於這種策略會成功的理由，解釋如下：

一報還一報（TFT）策略能如此成功⋯⋯部分原因在於，網路世界裡有絕對的秩序。但在自然世界裡，則會出現失誤（和偶爾的干擾）⋯⋯兩個採取TFT的玩家如果不慎偶爾犯錯，就可能會造成長期的互相報復。（這種情況在日常隨處可見，就算是人類，也常常把氣發在無辜的旁觀者身上。）

「巴弗洛夫」和TFT比較起來，有兩大優勢：(1) 採取「贏就守、輸就變」策略的雙方，如果不慎犯錯⋯⋯只會造成一回合的互相背叛，之後就會回到互相合作；(2) ⋯⋯「巴弗洛夫」對軟柿子不會手下留情⋯⋯

我們每天都會看到「巴弗洛夫」式的行為：雖然家裡的誤會可能引起爭執，但之後很快就會恢復合作；此外，很多人碰到送上門的冤大頭，也總是毫不手軟。

現在有許多人都在研究「一報還一報」策略的各種變體，「巴弗洛夫」只是其中一種。原始的「一報還一報」策略，現在歸類為「扣扳機策略」（trigger strategy），典故來自美國西部拓荒時期的槍戰（至少是好萊塢拍的那種），只要一方扣了扳機，就會引來另一方回敬一發、甚至一輪的子彈。賽局理論

家已經找出許多種的扣扳機策略，全都遵循「以牙還牙」的規則，只要不合作，後果就是對方至少也有一次不會乖乖合作。

各種變體之中，話講得最重的是「冷酷扣扳機策略」（Grim Trigger），威脅說：「只要你有一次不合作，我就再也不會和你合作！」像是夫妻吵架，警告對方下次再吵，就馬上離婚、永不回頭，正是屬於這種「冷酷扣扳機策略」。令人遺憾的是，也正因如此，到現在我們還無法擺脫核武報復的陰影。

另一種比較沒那麼不可收拾的扣扳機策略，是「寬厚的一報還一報策略」（Generous Tit for Tat）：只要一方合作，另一方就會繼續合作，而如果一方背叛，另一方有時候還是會繼續合作，但並非絕對。舉例來說，怨偶也有破鏡重圓的可能，給對方第二次機會。（比較一下，如果一定要對方用確切的例證，證明自己改過自新，才肯復合，就是採取一般的一報還一報策略。）

這些策略都可能成功，但也都可能失敗。「寬厚的一報還一報」比起「以牙還牙」要來得溫和，帶有一點「推己及人」的寬恕色彩，能夠打破互相報復的循環，看起來也最能解決日常生活中的各種問題。我和幾位行為心理學家討論過這件事，他們以心理學角度提出的策略是「態度要堅定，但也要保留寬恕的可能」，這也與「寬厚的一報還一報」最為接近。然而，經過電腦模擬之後，發現這種策略還是比不上「巴弗洛夫」；如果雙方上一次互相背叛而造成雙輸，「巴弗洛夫」就會主動改採合作策略。

我曾經在一場雞尾酒會上，測試了一下「巴弗洛夫」策略。我和朋友想到等一下還要開車，就同意兩個人都別再喝了，但他很快就忍不住想再來一杯，而我心想：「他能喝，那我也要。」但等到我們兩個看到對方拿著那杯酒（兩人都作弊了），就都採用了「巴弗洛夫」策略，只要對方不喝，我也不喝，於是，狀況也就解決了。

　　「贏就守、輸就變」是說，如果上一步都互相作弊或背叛而造成雙輸，就主動改採合作策略，就目前討論過的所有扣扳機策略而言，這似乎是最有效的一種。這些扣扳機策略，都必須建構在雙方會不斷往來的前提下，才能帶出並維持合作。但還有一種因素，和過去的交手經驗可是完全不相干。

距離因素

　　影響合作的不只是策略，像是如果彼此是鄰居、距離接近，也會影響合作發展，而且影響還真不小！地理位置接近，就能創造出一群合作者，就算遇到外來的背叛份子，也能維持合作，共同抵抗；像在一些村莊和小鎮裡，就會組成防衛隊，抵擋外人侵略。

　　這種情形也可見於專業組織（例如醫師公會和律師公會），以及各式機構（例如我任職過的學術機構）。隨著賽局理論家對合作程序的細節愈來愈了解，現在連電腦也都做得出

這種模擬。

　　主要的發現之一是：就算不記得過去是否合作（而這是「一報還一報」策略的前提），光憑著地理位置接近，便足以維持合作。這裡的前提只需要有兩個族群，一群是合作者，一群是背叛者，而且兩方都堅守自己的策略（像是我母親和我奶奶一般）。

　　第一輪的電腦模擬，先將這兩群人隨機分配在巨大西洋棋盤的格子裡，每個人只能和周圍八個格子的人互動，而每個人的得分，就是和鄰居互動的報酬總和，報酬的計算方式採取一般的「囚犯困境」設計。而到第二輪，中間的玩家如果得分最高，就維持不動；否則就由八個鄰居裡最高分的取代。規則很簡單，但可以看出不少名堂；而且把過程拍成影片之後，效果也滿炫的。

　　影片顯示，合作者和背叛者爭奪主導地位，雙方互有消長，並發展出合作者和背叛者的各自群落。實驗者沒想到的是，兩方都無法將對方趕盡殺絕。最後大勢底定時，合作者約占三分之一，背叛者占三分之二，雖然背叛者占上風，但合作者至少能夠存活，一方面是因為他們在一角彼此靠近而緊密合作，另一方面是因為，如果一群背叛者碰在一起，彼此是占不到便宜的，反而還兩敗俱傷。

總結：「不斷往來」和「距離接近」
對真實世界發展合作關係有何意義

這幾項要素究竟對真實世界中的合作發展有何影響？從以上所提的各項研究，可以整理出以下的重點：

- 因為距離接近的關係，依賴彼此合作的小社群維持合作的機會，會大於那些較大、較多元的社群。只不過，從電腦模擬發現，就算在那些小社群裡，作弊者（背叛者）能存活而且得利的程度，還是高到驚人。

- 如果個體之間會有一次或多次的再次往來，合作成功的機會也就大增。像是小偷也可以算是一種作弊者，他們將個人私慾放在社群利益之上，但研究發現，如果他們所判的刑罰裡，包括要和被偷的人有面對面接觸的機會，日後再犯的機率就會大減。

- 放大層面來說，互相報復的結果也可能厲害到足以嚇阻反社會行為，讓人願意遵守社會常規，特別是如果會報復的不只原本牽涉其中的人，還有社群中其他成員，就更為有效。

• 「名聲」常常關係重大，甚至光是因為違反社會常規遭逮而感到「難堪」，有時候就已經足以嚇阻某些行為。有個例子是，男人上完公共廁所究竟要不要洗手：如果有別人在場，洗手的機率就會大增，以免遭到他人異樣的眼光。

• 要建立並維持合作關係，最有用的策略就是結合「以牙還牙」和「推己及人」，雖然願意在對方不合作的時候仍然維持合作策略，但也不排除停止合作的可能。美國老羅斯福總統的「溫言在口，大棒在手」（speak softly and carry a big stick）策略，可為明證。但由賽局理論的電腦模擬可看出，最好還是多注重溫言，少揮舞大棒，只要雙方已經演變成雙輸的局面，就立刻主動改採合作態度。

諾瓦克不久前結合所有以上要素，寫出了一個漂亮的統合結論：「合作演化的五大法則」（Five Rules for the Evolution of Cooperation）。在他的定義中，「合作者」是指願意付出成本（c）而讓另一個人得到利益（b）。雖然看起來，個別的合作者有所損失，但我們知道，如果合作者形成「群體」，在演化上的平均競爭力就會高於背叛者的群體。這麼說來，如果合作才是蓬勃發展、生生不息的不二法門，究竟要怎麼做，才能讓合作最符合成本效益？

諾瓦克為合作的演化找出五種機制，各代表不同的成本效益關係：

1. 近親選擇：親緣係數（個體之間關係愈近，係數便愈高）必須大於本益比（c:b）。

2. 重複互動（直接互惠）：同樣的兩人未來還會碰頭的機率，必須大於利他行為的本益比（c:b）。

3. 間接互惠：這指的是他人對我們的評價在社會上傳開後，對我們的行動會造成影響。諾瓦克認為，得知某人名聲的機率必須高過本益比（c:b），間接互惠才可能促進合作。

4. 網路互惠：這指的是由合作者或背叛者來當鄰居的影響，在這種情境中，要促進合作的唯一條件，就是鄰居數目要大於本益比（c:b）。

5. 群體選擇：從「獵鹿問題」這個社會困境就可以看出，一群合作者比一群背叛者更容易成功。這種情境比較複雜，因為群體會隨著時間而擴大（因為有後代加入），或者分裂成幾個小群體。為求數學計算上的方便，考量到選擇合作的機率小於選擇背叛，而群體又不常分裂，最後的

結果十分簡單：要發展出合作，條件就是益本比（ $b{:}c$ ）要大於 $1+ \dfrac{最大群體規模}{群體的數目}$ 。

諾瓦克的統整相當有意義，顯示只要能滿足其中一種機制，讓實際情境中的益本比（ $b{:}c$ ）高於臨界值，就能解決社會困境，讓合作演化成功。本書前面所提的許多策略，都可以整合進這個統合的框架裡。然而，還有一種策略可以解決社會困境，就是直接改變賽局，讓作弊的動機減少或消失，這可說是從社會困境的核心解決問題。下一章裡面，我會提出一些相關辦法，其中有一種還很神奇的用上了量子力學的科學概念，以令人難以想像的方式，解決許多社會困境的根本問題。

第8章
改變賽局

　　要如何改變賽局，才能提升合作的機率？一種辦法是，只要帶入新的參與者，就能夠造成一些很特別而意想不到的結果。而另一種辦法，將在不久後成真，就是在協商時使用「量子電腦」，讓雙方能夠先得知對方的想法，再決定自己的行動；如此一來，社會困境的核心作弊問題也就不復存在。

　　以下就要分別檢視這兩種方法，看看能如何使合作可長可久。

帶入新的參與者

　　面對衝突、紛爭、意見不合的情形，如果想營造和諧及合作，有一種讓人意想不到的辦法是：引進一個比原先成員更不搭軋的參與者。伍德豪斯（P. G. Wodehouse）的小說《萬

能管家計中計》（*Right Ho, Jeeves*）裡，那位計謀百出的管家傑維斯（Jeeves）就用上了這種策略，替他已苦惱許久的主人伯帝（Bertie）解決問題。管家說：「如果一群人不幸發生爭吵不和，想重修舊好、團結合作的最佳方式，莫過於共同憎惡另一個特定對象。請容我以自身家庭為例來說明，每當發生家庭紛爭，我們只消請來安妮姨媽，所有歧見不和便煙消雲散。」

小時候讀到這段，對於管家的建議真是印象深刻，下決心要自己試試。我爸媽玩「大富翁」的時候，總是會玩到情緒相當激動，而有一次他們又吵了起來，我趕快邀了隔壁一個衛生習慣有點差的小孩來家裡玩，因為我知道爸媽總是把家裡維持得乾乾淨淨、整整齊齊，有個髒小鬼在家裡，想必能讓他們感到有如芒刺在背。結果兩人一下子就變得親切和善，說他們不玩「大富翁」了，而問我想不想去動物園。於是，隔壁的孩子回家了，我去了動物園玩。對我來說，當然重點是他們沒再吵了。

那些會和你競爭或吵架的人，想必得不到你太多好感，但就算是這些人，也可能有利於合作。賽局理論家法德（Peter Fader）和豪塞（John Hauser）便以美國微電子業為例，當時「國際競爭興起，打擊美國微電子業的影響力和經濟力」，對此，整個微電子產業便在各種基礎研究和應用研究上攜手合作，甚至有的公司願意犧牲他們對其他美國公司的競爭優勢。

究竟是為什麼，讓一群原本不合作的人能夠合作？法德和豪塞設計了一系列具開創性的實驗，希望找出答案。他們舉辦

類似艾克索羅德的電腦對抗賽，但採取三方對戰，而不只是兩方對決。計算合作的報酬或作弊的懲罰時，是綜合考量三方的策略，再列出不同的獎勵等級，類似一般雙人「囚犯困境」的情形（合作可以得到獎勵，單方作弊得到的獎勵更多，但如果雙方都作弊，所得就比合作要少）。

參賽者來自世界各地的大學團隊和大企業，目標是自己設計的程式能因應其他程式的策略，來調整合作或作弊規則，並且在賽程中得到最高的報酬獎勵。比賽設計成一個行銷比賽，價格是唯一的變項，並提供一系列分別能賺得不同利潤的各種價格，供參賽者選擇。這種設計雖然較為複雜，但也比較接近真實。參賽者主要能採用的兩大策略，就是結盟或削價競爭，至於結盟或削價競爭的程度，則要看參賽者選定的價格而定。

競賽分成兩輪，決賽時共有四十四位參賽者。最後的贏家是來自澳洲的馬可斯（Bob Marks），在他的程式設計中，如果另外兩方都合作，就合作，如果另外兩方都作弊，就作弊；但在其他情況下，則是向最接近合作策略的他方程式靠攏。換句話說，他的程式會找出最可能合作的情形，並加以利用。

法德和豪塞從競賽中得出結論：多人情境下，最好的做法是比一般的「一報還一報」策略再多合作一些；另外，如果其中有不合作的人，就需要有寬容和雅量，才能促成合作。他們把這種致勝的策略稱為「暗中合作」（implicit cooperation）。

我有一次在一場晚宴上，決定看看一般人會不會在現實生活裡應用這種策略。當時菜餚是以大盤上桌，並在賓客間輪流

傳遞取用，我刻意拿得比該拿的份量多出許多，試試他人如何反應。有些人的反應是跟著多拿，但沒我那麼誇張。到了上第二道菜的時候，其他賓客開始了他們暗中的合作關係，刻意先不向我這裡傳，等到傳遞到我這裡，盤子裡已經沒剩多少了。因為我的不合作策略，反而促進了其他賓客之間的合作！

那些賓客並沒有討論要採取什麼策略，而是自然而然就這麼做了，而且心想其他人也會照辦。不過，就算我們可以討論策略，一旦有人作弊，仍然可以促進其他人的合作。像我在英國住的村子裡，曾經爆發一連串竊案，這些採取背叛策略的小偷，促使村民成立守望相助計畫，比以前更留心彼此的財產安全。於是，全村同仇敵愾防範竊盜之後，整個村子更為團結，村民彼此也更合作。

但並不是說，新加入的參與者一定要作弊，才能促進合作。有時候，兩方彼此不信任，造成合作障礙，但只要有個兩方都相信的第三者，便可解決問題。曾有位警察朋友和我說過一個特殊案例，他說辦案時如果能有隻凶猛的警犬作伴，罪犯合作而乖乖束手就擒的機會就大得多。這裡，警犬就是雙方都相信的第三者，不論是警察或罪犯，都相信只要罪犯一有抵抗，警犬立刻會撲上來。

要確保合作成功，更常用的辦法是先在第三者那裡提供一些有價擔保品，只要維持合作，最後就能取回擔保。像我在學生時代租屋，這就是房東和房客間常有的做法，各向獨立的仲裁者交付擔保金，如果房東未負起房屋修繕的責任，房客就能

提出申訴，用擔保金來修屋；而如果房客遲繳房租，房東也可聲請用擔保金支付。在這兩種情形裡，都是由仲裁者擔任獨立而能夠信任的第三方。

賽局理論家已經指出，想處理許多帶有後續問題要解決的棘手困境，先提供擔保是個有效的方法。他們最愛舉的例子是蜈蚣賽局（Centipede Game），這名稱有點令人疑惑，但講的其實就是：有一筆錢，只要在兩名玩家之間傳遞到一定次數，兩人就能平分，而且每轉手一次，這筆錢就會增加一點。

然而，在任何時候，任一名玩家都可以決定是要繼續傳下去，還是就此打住。決定中途終止的玩家，就能在當時的金額中取得較大比例，例如60%，而另一位玩家就得少分一點。整體而言，最好兩人都一直傳下去，但這裡會出現一個類似「囚犯困境」的邏輯困境：一開始輪到第一手的玩家，就該拿了60%趕快走為上策。

這裡的問題在於「往前思考、往回推論」，這也是我們在日常生活中會用到的邏輯。我們會先「往前思考」，預測各種行為的可能後果，再由結果「往回推論」，判斷出應採行的做法。

在蜈蚣賽局裡，「往前思考」告訴我們，中途終止的玩家可以拿到比較大的一份，而等到最後卻只能分到一半。由這點「往回推論」，輪到倒數第二手的人就不該再傳下去，而該喊停，好分到較大的一份。但這種推論再推到倒數第三手也說得通，於是一路推論回去，最後的結論就是：一開始輪到第一手

的人，就該馬上拿錢就走。

　　我想知道是不是小孩也能想出這種邏輯，所以有一次在一場小孩的同樂會上，我就玩了一場蜈蚣賽局的遊戲。我用的是QQ熊而不是錢，只要小孩將QQ熊傳給下一個小孩，我就會加一點。那群八到十歲左右的聰明小孩很快就發現，一開始就拿走大多數，最為有利，而遊戲也就到此為止了。

　　然而，只要先另外提出擔保，就能打破蜈蚣賽局中的邏輯，避免參與者在第一步就急著落袋為安。提出擔保的作用在於改變獎勵結構，讓賽局值得繼續下去，而在最後除了賽局獎勵之外、還能拿回擔保。最簡單的蜈蚣賽局形式只有兩名參與者，而且，其中只要有一位提出足夠擔保即可。理由在於，這位參與者如果中途終止，就會損失擔保，而另一位參與者知道，提出擔保者一旦作弊，就會損失擔保，於是就可以放心繼續將錢傳下去。

　　我也將這個想法拿來和同樂會上的小孩做了實驗，先請他們每個人都交出一件自己收到的小禮物，並保證只要遊戲能持續到最後，就會還給他們。很了不起的是，他們馬上抓到了重點，而遊戲也的的確確持續到最後。

　　有人會說，蜈蚣賽局無法反映現實生活，也有人說，這確實能反映出像資產拆賣和政治分贓之類的獲利了結策略。但至少我們可以說，提出擔保交給能夠信任的第三者，就能在純粹自利的基礎上促成合作。

還有另一種方法，就算沒有值得信任的第三者，也能達成相同目標，辦法就是：滿足特殊條件，讓雙方都能事先看到對方要合作還是要作弊，再據以調整自己的行動。這聽起來像是不可能實現的白日夢，但如果能發揮想像力，將看似不可能結合在一起的賽局理論和量子力學結合起來，可行性就相當高，並能激發許多解決社會困境的全新方法。

量子力學讓你學會讀心術

　　「量子賽局理論」能帶我們跨進一個未來的世界，在那個世界裡，各種合作的重大問題都消失無蹤，或至少會落在能夠掌控的範圍；在那個世界裡，七大致命困境奇蹟似的得到解決，作弊之風不再盛行，合作大行其道。這一切，都是靠「量子電腦」。

　　量子電腦是未來的電腦，雖然還在實驗階段，但等到了實用階段（可能在未來的十年內），量子電腦飛快的運算速度，就會讓今天的電腦看起來像手按的掌上型計算機一樣緩慢。當然，量子電腦也會帶出全新的協商形式：

- 在量子電腦中，「量子位元」的狀態可用來對應不同的決策（合作、作弊，或是採用混合策略），而參與協商

決策過程的人，就可以去操控量子位元的狀態，把自己所下的決定輸入量子電腦中。（對一般人而言，「量子位元」是什麼並不重要，只需要知道這種東西可以用來代表各種策略的組合。細節請見方塊 8.1。）

• 每當某人做了決定，其他人的量子位元都會因為量子世界特有的「量子纏結」現象，而受到影響（請見方塊 8.1）。參與者甚至不需要真正知道其他人做了什麼，只要操控自己的量子位元狀態，就可以間接察覺到這些改變、並做出適當回應（這是真的，彼此之間不需要有任何一般所謂的溝通或資訊交流）。物理學家布拉薩（Giles Brassard）把這種過程叫做「偽心電感應」。和現今情況的重大不同就在於，有了這種纏結現象，各方不須直接溝通，也能協調彼此的策略。

• 接下來的過程中，各方操控自己的量子位元狀態，直到達成一套各方同意的策略為止。

• 在社會困境中，必須在「其他人不作弊」的前提下，作弊才能得到好處，但在此，人人都能察覺彼此想要採取的策略，因此作弊的誘因也就減低或消失了。

「量子賽局理論」道理何在？

　　一般電腦傳送及處理資訊是以位元為單位，每個位元可處於兩種狀態的其中一種，就像是電器開關的開或關。在運算的時候，這兩種狀態分別對應到1和0；用在賽局理論上，則可以代表合作或是背叛（作弊）。

　　量子電腦用的是另一種位元，稱為「量子位元」（qubit，是quantum bit的縮寫）。現在量子位元還在實驗階段，但已知會遵守量子力學法則，於是其狀態不再只能是0或1，也可以是這兩者的任意組合（這個原理稱為「疊加」）。然而，只要一去測量其狀態，測到的結果仍是0或者1。用在賽局理論上，也就是不僅可以設定成「合作」或是「背叛」，也可以設定為兩者同時混用。

　　如果覺得這實在超出你的理解範圍，別擔心，因為連愛因斯坦也想不通這個道理。其實，他根本就覺得這個理論實在太扯了，還舉出一些可能從這種理論導出的荒謬結果，試著推翻這個理論。其中一項（稱為愛波羅弔詭）是關於兩個分隔兩處的自旋電子的情形，而這也攸關「量子賽局理論」的運作。

　　我們常常用電子（電流的載體）來解釋量子位元的概念。電子帶有一個叫做「自旋」（spin）的性質，可以將電子變成一個個極性不同的小磁鐵，極性的方向可能是朝向「上」、「下」，或是又上又下的混合狀態（最後這現象只存在於量子力學的奇妙世界裡）──但是一有人要試著去量測電子的自旋，這種混合的狀態就會瓦解，只表現出上或下的自旋方向。

好戲開鑼。假設有十分靠近的A、B兩個電子，這時量子力學會告訴我們，A、B的自旋方向必定會相反。如果有人試著去測量一個電子的自旋，只會測到一個確切值，不是上就是下，因此，只要你測量了A的自旋方向，B便立刻往反方向自旋。換言之，如果測到A是向上，B就自動變成向下。

愛因斯坦認為這個想法根本是瘋了，因此在一篇和波多斯基（Boris Podolsky）及羅森（Nathan Rosen）共同發表的著名論文中，提出了這樣的質問：假設這兩個電子在還未有人測量的狀態下，分隔到銀河系的兩端，那麼，如果銀河一端有人試著測量其中一個電子，難道遠在銀河另一端的另一個電子也能馬上感應到，而表現出相反的自旋方向？這豈不是太誇張了？

但讓人意想不到的是，愛因斯坦等人錯了。實驗已經證明，兩個電子分開之後，測量其中一個，還真的會影響遠方同伴的自旋方向。這種現象現在稱為「纏結」（entanglement），這也是量子理論（以及量子電腦）的基礎。賽局理論家已經證明，這可以協助我們逃離社會困境，找出真正合作型的決定和策略；之所以辦得到，量子賽局理論先驅艾塞特（Jens Eisert）認為，理由之一在於量子纏結可以打破純粹策略之間的納許均衡。換言之，背叛而取得私利（這正是納許均衡之所在）的誘因不復存在。如果從更廣的層面來看，只要能掌握量子纏結，即使不能直接得知他人的策略，也能彼此協調。

纏結的應用方式，是先讓兩個以上的量子位元發生纏結（各代表一個參與者），接著將這些量子位元分開，交由各個參與者操控，依據各自在特定情境中是要合作、背叛，還是採取混合策略，

來操控自己的量子位元狀態。只要其中一個量子位元的狀態決定了，跟它有纏結關係的其他量子位元就會自動作出回應。這就像是所有人都有一張卡，正反兩面分別寫著「合作」和「背叛」，一開始的時候，大家的卡片都不翻到特定一面，但等到有一個人決定好要採取什麼策略，把自己的卡片翻到其中一面，其他人的卡片就會自動翻向另一面，等於是透露了第一個人的決定；接著，其他人也可以翻動自己的卡片來回應，一一表現出自己合作的意願。

如此一來，在很多社會困境中，作弊就再也占不到便宜，原因在於，作弊要得利的前提是其他人必須採取合作策略，而如果這些人知道有人要作弊，就不會有人願意採取合作策略。因此，對量子位元的操控就像是一種「偽心電感應」（pseudo-telepathy），也就是物理學家霍格（Tad Hogg）所說的，「能讓個人預先同意某項協議」，於是克服了解決社會困境時的一大難題，因而促成合作。

• 由以上可知，除了「獵鹿問題」之外，量子策略可以讓我們在大多數主要的社會困境中，提升合作機會。此外，量子策略也可以促成新形態的「量子拍賣」形式，得到最佳拍賣結果。

量子賽局理論究竟實不實際？有一群惠普（HP）實驗室的科學家決定加以實驗，看看這能否實際解決「搭便車」問題。「搭便車」的定義是：某個人注意到，自己無論如何都會從某項資源得到好處，於是也就沒有為此付出成本的意願。然而，如果共享資源的所有成員都不願付出，資源到最後就沒有了，於是人人皆輸。

這個「搭便車」實驗的對象是一群史丹佛大學的學生，每人會先發給一筆虛擬貨幣，然後要投資一部分當作公基金，接著將公基金乘上特定的投資報酬率，算得的總獲利會平分給所有人。

實驗人員告知學生規則之後，要求他們選擇一個會讓自己獲利最多的策略。結果，大多數人都臣服於作弊的誘惑（賽局理論家早已證明，作弊是優勢策略），公基金也迅速縮水到幾乎為零。

接著，這個實驗在應用量子纏結的情境下再重複一次，也就是所有人都能事先知道別人要下什麼決定，並加以回應。這裡模擬量子纏結的方式是透過電腦程式，每個人都有一個「粒子」，可以設定為「投資」或「不投資」，而粒子之間彼此纏

結，只要有人下了決定，就會影響其他粒子，而其他人也就可以因應，調整策略，為自己追求最大利益。

就成效來看，量子纏結讓參與者的策略至少部分達成了協調，成功合作的比例達到約50%，而在有量子策略的輔助之前則只有33%。科普作家布侃南（Mark Buchanan）*是這麼描述這個量子情境的：「作弊的人很可能碰上別人也作弊的情形。〔因為所有人都會事先知道有人要作弊，所以〕作弊占不到便宜，量子理論也就能嚇阻揩油的行為，改善整體成果。」

惠普實驗室的科學家發現，參與者愈多，合作的趨勢也愈明顯。科學記者帕特爾（Navroz Patel）的報導中便表示：「如果人數愈多、愈趨向合作，這種效應對於解決像是網路侵權下載的問題就十分有利，畢竟網路上的參與者（也就是下載者）人數可能達數千萬之譜。」

當然，量子賽局理論還要解決很多問題，才能實用化。問題之一就是量子電腦還在初期研發階段，雖然現在科學家已經能夠同時製造並操控幾個量子位元，但要製造出量子電腦，需要的是幾千個、甚至幾百萬個量子位元，目前還不在可行範圍內。就算真有了量子電腦，各方還是要認清，是否有可能很容易就達成協商合作的約定。

---

* 編按：他的科普作品目前有三本有中譯本，分別為《改變世界的簡單法則》、《連結》和《隱藏的邏輯》。

實用化的量子電腦，最初可能是應用在商業領域，解決業界時有所聞的「搭便車」問題，像是公司的管理或政策改變時，很多小股東可能因而獲利，但其中真正投入心力促成改變的人可能只是少數，多數人其實是坐享其成；或者是一間公司原本想聘請律師，為自己的產品爭取賦稅優惠，但最後決定打退堂鼓，原因是擔心製造類似產品的其他競爭對手能夠不勞而獲，也得到賦稅優惠。

在許多類似的例子裡，如果能和他人合作分攤成本，最後就能人人得利——但前提是要說服大多數人同意合作。惠普的實驗結果指出，量子電腦促成的新協商策略，可以顯著提升有效合作的可能性，除了以上情境，也能用在薪資協商、勞資關係協商等等。如果這些理想一一成真，將會是尋找有效協商策略的一大進展，有助於有效率的合作。亞卓理安・周（Adrian Cho）這位作者便曾寫道，應用量子纏結現象，甚至能促成貿易商的合作，讓股市的抗跌性更強。

量子賽局理論是未來，傳統賽局理論則是現在，而且已經賦予我們許多策略，得以克服不少社會困境。在最後的章節裡，我會簡要回顧這些策略，並提出十大要訣，讓我們能在自己的生活周遭以及世界上促進合作。

個人也能扭轉全局：十大要訣

不論是個人生活或是全球局勢，我們每天都會碰到許多社會困境，而我一開始之所以想研究賽局理論，正是因為覺得需要有新的策略，來因應這些困境。在全書最後，我的結論是：賽局理論的的確確能夠增加解決這些問題的機會，主要的解決方式有二：

1. 讓我們從新觀點來看問題，能夠找出背後隱藏的真正原因。
2. 提供新策略，讓我們得以解決問題。

這裡並不是說賽局理論能夠解決所有問題，而是能提供一些策略，調整合作和衝突之間微妙的平衡。這些策略值得每個人投入心力，了解其原理及如何應用。針對要在日常生活中促進合作，以下是我根據個人心得所挑出的十大要訣：

1. **贏就守、輸就變：**不論先前選擇合作策略或自行其事的不合作策略，只要結果出爐時你是贏家，就不要改變策略。但如果輸了（常常是因為其他人和你同時選擇不合作），就馬上改採另一種策略。

2. **帶入新的參與者：**如果本來是兩方對峙的局面，就讓它變成三方制衡的情形。這對於自然界達到平衡十分有效，對於合作時促成平衡的效果也不錯。就算明明知道新加入的會是個不合群的傢伙，也仍然可能改善整體情形。另外，新的參與者也可以指「受信任的第三者」，負責管理擔保品，或是執行違約條款。

3. **建立互惠形式：**最重要的一種合作動機，就是知道未來還可能再次碰頭，所以要試著透過直接、間接或社交網路的方式，建立起這樣的情境。

4. **限制你自己未來可能的選項，讓自己如果背叛合作，就會大受損失：**想讓別人知道自己的確有合作意願，這是最有效的方式之一。例子像是定下特殊條件，只要自己（或他人）違反合作承諾，名聲就會大大受損；或採用類似破釜沉舟的方法，同意合作之後就不能再回頭。

5. **付出你的信任**：這是另一個讓別人覺得你的承諾可信的做法。只要你真心付出信任，就能得到回報，想合作也就容易許多。

6. **定下特殊條件，雙方如果想單獨背叛合作，就會蒙受損失**：當然，這就是一個納許均衡。如果問題的合作解決方案恰巧是納許均衡，問題就解決了。

7. **使用補償給付，來建立並維持合作的聯盟**：補償給付可以是金錢、社交上或情感上的獎勵，或乾脆就是賄賂。不論是哪一種補償，重點在於聯盟成員如果叛逃或加入其他聯盟，就會蒙受損失。

8. **注意七大困境，考量各參與者的利益與成本，好讓困境不復存在**：當然，這說來輕鬆、做來困難，否則早就世界大同了。但不論如何，這是正確的努力方向，而且值得一試。

9. **分攤各種貨品、責任、工作、懲罰等等，讓人人都覺得結果公平**：「覺得公平」是很強烈的動機，因此務必使過程透明，也使結果看來公平，好讓人人滿意。

10. **將團體化整為零**：我刻意將這項非常重要的策略，留到最後來談。所有證據都顯示，小團體內部的成員比較容易合作，但偏偏小團體與小團體之間就不是這麼一回事。本書開頭列的許多重大問題，核心其實都在於這種內外的分別。小團體的領導人如果能善用上面的九點要訣，就有助於團體間的合作，像是各個家庭和小型社會團體能結合形成較大的社群，甚至還能推廣到更大的層面。這當然也是人人所樂見的。

雖然某些策略看來不過就像是生活常識，但賽局理論可以看得更深，讓人了解這些策略在不同情境中奏效的理由以及方式。有些策略可能看來不可思議，要用賽局理論才會了解其來由。此外，也應注意這只是個起點。

賽局理論仍然是個新興領域，但進展神速，而且發展空間還相當大。其中一個已經起跑的發展方向，在於應用「複雜理論」（complexity theory），可以從全體的層面來處理複雜系統（例如社會），而不需要化整為零、分成比較容易想像和分析的單位（像是兩人互動）。目前已經有人開始應用複雜理論，處理賽局理論找出的某些社會困境。

另一個未來的可能，是應用量子理論所固有的不確定性，反而能讓合作的成功機會大增。就像是在活體細胞裡，一些分子會自動聚集，結合成合作的單位。只要了解這種自動合作的機制為何，我們就能更清楚如何在社會中再現這種機制。

我寫作本書的動機，是因為對社會上的問題感到憂心，而想看看賽局理論能提出什麼樣的因應合作策略。這本書就是我這段發現之旅的心得，以及所看到的希望，在此與各位分享。希望各位以後也能觀察到生活中的賽局理論，看報或看電視的時候，會大呼「這是賽局理論嘛！」（不喊出聲的話，喊在心裡也成），而且實際加以應用。

　　感謝你與我共度這段旅程。

附注

所有網址以2008年6月的情形為準。

引言

頁6 賽局理論也還有另外一面，探討的不是衝突、而是合作　很遺憾
的，常常這一面並未得到重視。哥倫比亞大學地球研究所所
長、前聯合國特別顧問薩克斯（Jeffrey Sachs）教授，便在
2007年BBC「芮斯講座」（Reith Lectures）節目中提到，地
球已經「快擠爆了」（Bursting at the Seams，www.bbc.co.uk/
radio4/reith2007/），他講了許多關於合作的必要性，但並未
提及像是「公共財的悲劇」、賽局理論，或是任何由賽局理論
延伸出的具體策略。

頁6 隱藏的合作障礙　這個合作障礙來自於邏輯中隱藏的矛盾，
但並不是說情緒因素對於合作問題並不重要——恰恰相反。
心理學家高曼（Daniel Goleman）提出的論點是：「理性的

決定通常也不脫情緒；〔情緒的功能是〕指引我們正確的方向，接著純粹的邏輯才能真正發揮用途」（*Emotional Intelligence* [London: Bloomsbury Publishing, 1996], 28；中文版《EQ》由時報文化出版）。

佛洛伊德（Sigmund Freud）也提過相關論點，認為「社會之中，必須對個體強加外部的規則，以壓抑個體內心太過自由而滿溢的情緒波動」（Sigmund Freud, *Civilization and its Discontents*，轉述自 Goleman, *Emotional Intelligence*, 5）。

頁6 進退兩難的邏輯陷阱　英文裡有個詞彙可以代表「讓人進退兩難的循環邏輯陷阱」，叫做catch-22，這個詞彙的典故出自海勒（Joseph Heller）的同名小說《第22條軍規》，於1961年由Simon & Schuster出版；小說中，catch-22是一條針對戰鬥機飛行員的軍規，內容是：「若飛行員以精神失常為由申請退伍，則上級得以『該飛行員既然能判斷自己的病情，顯然並未精神失常』為由駁回」。

頁6 星球上住的是一群長得像茶匙的生物　這個概念可能是來自亞當斯（Douglas Adams）的著作《銀河便車指南》（後來改拍成電影，片名為「星際大奇航」），書中敘述原子筆都神奇的消失了，而原因是有一個「由原子筆生物所統治的世界，只要人一不注意，原子筆就會偷偷穿過蟲洞逃向那個星球，知道自己在那裡能夠享受原子筆的生活形態……過著愉快的原子筆生活」（Douglas Adams, *The Hitchhiker's Guide to the Galaxy* [London: Pan Books, 1979], 113；中文版《銀河便車指南》由時報文化出版）。

頁7 公共財的悲劇　Garrett Hardin, "The Tragedy of the Commons, " *Science* 162 (1968): 1243–48。全文請見 dieoff.org/page95.htm。關於在共有草地上放牧的比喻，首先提出的是洛伊（William Forster Lloyd），請見 William Forster Lloyd, *Two Lectures on the Checks to Population* (Oxford: Oxford University Press, 1833)。

頁7 這群科學家將同樣的論法套用到茶匙的問題　請參考 Megan S. C. Lim, Margaret E. Hellard, and Campbell H. Aitken, "The Case of the Disappearing Teaspoons: Longitudinal Cohort Study of the Displacement of Teaspoons in an Australian Research Institute,"*British Medical Journal* 331 (2005): 1498–1500。

頁8 「我們都愛好和平，只要贏了這場戰爭就好」　出自 Mose Allison, "Everybody's Crying Mercy" (1968)。首次發行於專輯 "I've Been Doin' Some Thinkin'" (Atlantic Records, 1968: Cat. No. SD1511)。

頁9 我們都不是泰瑞莎修女　泰瑞莎修女（Mother Teresa）有一次接受廣播訪問，內容令我太太大吃一驚，因為泰瑞莎修女說自己的行為其實不是出於利他主義，反而是要滿足一個內在、個人、全屬自私的需求（她相信這是神所賦予的）。

頁9 「史登報告」　全名是 Stern Review on the Economics of Climate Change；見 www.hm-treasury.gov.uk/independent_reviews/stern_review_economics_climate_change/stern_review_report.cfm。

頁9 接受事實，承認自私其實是我們的主要動機之一　漫畫《*Doonesbury*》對此提出了絕妙的嘲諷，嬉皮角色 Zonker 和威爾頓大學（Walden University）新生 Kirby 有這麼一段對話，是 Kirby 想問問 Zonker 如何了解七〇年代：

ZONKER：有人說，想了解某個文化，要從文學著手！這個
嘛，過去十年裡，不是電影改編小說，就是一堆心靈成長書
籍！……我個人喜歡無道德學派的說法。現在這時代啊，一切
都要為自己著想，這才是真正的道理。

KIRBY：這樣啊，不知道耶，我不太確定我……

ZONKER：你？誰管你來著？

KIRBY：哇塞……你還真是只為自己著想啊！

見 Garry Trudeau, *The People's Doonesbury: Notes from Underfoot,
1978–1980* (New York: Holt, Rinehart, and Winston, 1981)。

頁9 電影「美麗境界」 是以娜薩（Sylvia Nasar）的同名小說（*A
Beautiful Mind*, New York: Simon & Schuster, 1998）為藍本。小說
簡要清楚介紹了納許對賽局理論的貢獻，但電影不僅著墨相
當少，而且糟糕的是，與事實還有所出入。

頁10 mamihlapinatapai 請參考 Michelle McCarthy and Mark Young,
eds. *Guinness Book of Records* (New York: Facts on File, 1992)。

頁11 艾克索羅德的著作《合作的演化》 Robert Axelrod, *The Evolution
of Cooperation* (New York: Basic Books, 1984)。

頁11 生物學家道金斯後來為該書寫了序言 見 Robert Axelrod, *The
Evolution of Cooperation* (London, Penguin, 1990)。

第1章

頁17 普契尼的歌劇《托絲卡》 第一個從賽局理論來看男女主角之
間社會困境的，是拉普波特（Anatol Rapoport）的文章 "The
Use and Misuse of Game Theory," *Scientific American* 207 (1962):

108-118。

《托絲卡》不只劇情裡有社會困境，實際上演的時候也常常碰上社會困境。相關報導很多，其中一篇便說，曾有一位飾演女主角的女高音，在排演的時候對舞台劇組十分蠻橫，不願意和他們合作、拿出全力表現。於是劇組加以報復，有一幕她從城堡躍下，應該要落在後台的墊子上，但有些墊子被劇組移走了。聽說她腳踝骨折，而劇組則丟了工作。

但過度合作也有問題。作家杜瑞爾（Gerald Durrell）就講過他在希臘科孚島（Corfu）的一次經驗；當時劇組在後台放了太多墊子，結果該跳下城堡的女主角，半個人還從城堡上露出來好幾次，讓觀眾看得一頭霧水。

頁18 數學教授塔克就用了這麼一個故事　現在這個故事已經相當有名了，全文請見 Poundstone, *Prisoner's Dilemma*（中文版《囚犯的兩難》由左岸文化出版）。塔克是納許的博士論文指導教授。

頁20 超市業者趁機聯合哄抬乳品價格　見 *The Independent*, December 9, 2007。

頁20 還有另一個例子是關於死海古卷　受惠於死海古卷的還不只貝都因牧羊人。《華爾街日報》在1954年6月1日刊出一則廣告：「四卷死海古卷：可追溯到至少西元前200年的聖經手稿，現在可開始出價，是個人或團體餽贈教育或宗教機構最理想的禮物（參見 Ayala Sussman and Ruth Peled, "The Dead Sea Scrolls," *Scrolls from the Dead Sea* (Washington, D.C.: Library of Congress, 1993), www.jewishvirtuallibrary.org/jsource/History/

deadsea.html）。

頁21 歷史上不斷出現的問題，正是囚犯困境和其他種種社會困境　很多書都提過，例如J. L. Mackie, *Ethics: Inventing Right and Wrong* (New York: Penguin, 1991)。發明「機器人學三大法則」的科幻小說作家艾西莫夫（Isaac Asimov）曾提出很有意思的看法：

> 如果停下來想想這一點，「機器人學」的三大法則其實也是世界上許多倫理道德制度的主要指導原則。不用說，每個人都有自我防衛的直覺，這是機器人的「第三法則」。此外，每個具有社會良知和責任感的「好人」，也應聽從正派權威人士的建議或指示（例如醫生、老闆、政府、心理醫師、同伴），遵守法律和規則，並且符合慣例——甚至是在危及自己舒適和安全的情況下；這是機器人的「第二法則」。最後，每個「好人」也應做到愛人如己、保護同伴、犧牲性命拯救他人；這是機器人的「第一法則」（Isaac Asimov, *The Complete Robot* (London: Harper Collins, 1982), 530）。

頁21「數學家的精神還算正常的」　見*New Scientist*, December 18, 2004, 46。

頁22「這個人是天才」　引自卡內基理工學院的達芬教授（R. J. Duffin）。相關故事可參見Harold W. Kuhn, "The Work of John Nash in Game Theory," Nobel Prize seminar, December 8, 1994, nobelprize.org/nobel_prizes/economics/laureates/1994/nash-lecture.pdf。

頁26 讓納許榮獲諾貝爾獎的論文，可能是有史以來最短的一篇　參見 "Equilibrium Points in N-person Games," *Proceedings of the National Academy of Sciences* 36 (1950): 48–49。這可能是數學史上對社會

產生最大影響的兩頁。雖然有人認為，法國經濟學家兼數學家庫爾諾（Antoine Augustin Cournot）著名的「雙頭寡占」（duopoly）商業競爭模式，已可算是某種納許理論，然而，庫爾諾並未進一步證明雙頭寡占是社會中的普遍狀況。

所謂的諾貝爾經濟學獎，其實是「瑞典央行紀念諾貝爾經濟學獎」（Sveriges Riksbank Prize in Economic Sciences in Memory of Alfred Nobel），於1994年頒予海薩尼（John Harsanyi）、納許、澤爾騰（Richard Selten）三人，表揚他們「對於非合作賽局理論提出開創性的分析」。納許有一句常為人引用的名言，說這是他「最不足道的研究」（most trivial work）。1994年納許曾接受訪問，談談得獎後對生活的影響，影片請見nobelprize.org/nobel_prizes/economics/laureates/1994/nash-interview.html。

頁27 矛盾的邏輯循環　這種循環邏輯至少可以上溯至西元前六世紀，希臘克里特島的哲學家埃皮米尼得斯（Epimenides）說過一句名言：「所有克里特人都是騙子。」（想想，這樣說來他自己究竟算不算騙子？）而這種循環邏輯的現代版本，則是有一種卡片，一面寫的是：「背面寫的不是真的」，而另一面寫的是：「背面寫的是真的」。

頁27 常常雙方同意要溝通協調，達成協議後卻又有一方反悔　明顯的例子就在1938年，德國希特勒先和英國首相張伯倫、義大利總理墨索里尼、法國總理達拉第三人簽訂〈慕尼黑協定〉，事後又反悔。該協定將捷克斯拉夫的實際控制權交給德國。（請注意，〈慕尼黑協定〉並不是之後由希特勒和張伯倫兩人單獨簽署的德英和平協議。）英、法、義三國容許德國併吞

捷克斯拉夫，是希望換取希特勒同意不再進犯，以減少戰爭的可能。面對三國的策略，希特勒故作同意，同時厚植德國軍力，在一年後揮軍波蘭，打破協商結論。

頁28 曾和一位英國國教（聖公會）的主教　也就是英國巴斯和威爾斯教區主教：卜來斯主教（Bishop Peter Price）。

頁29「……等著演化來解決這個問題。像是螞蟻、蜜蜂、黃蜂的基因都設定了讓牠們能夠合作」　有一篇文章由多位作者合著，探討蜜蜂的基因組，表示：「關於動物群居性的多數祕密，似乎都微妙的編碼在〔基因組〕裡面」（見Honey Bee Genome Sequencing Consortium, "Insights into Social Insects from the Genome of the Honeybee *Apis* mellifera," *Nature* 443 [2006]: 931-49）。

關於人類的基因組，生物學家道金斯（Richard Dawkins）表示，「每種〔基因的〕選擇是基於和其他可能接觸的基因之間的合作能力」（澳洲ABC電視台在2006年4月22日科學節目 *The Science Show* 中的訪談內容；www.abc.net.au/rn/scienceshow/stories/2006/1617982.htm）。

在我們了解自己的基因組之前，已經有很多人將人類社會與螞蟻社會做對比，我個人最喜歡的兩個例子，出自Caryl P. Haskins, *Of Ants and Men* (London: Allen and Unwin, 1945), 69, 99：

> 想了解人類社會架構精妙基礎背後的推動力量，就應該研究螞蟻的社會。

以及：

> 如果我們比較螞蟻及人類社會兩者的凝聚動機，會發現兩者

竟如此相似。當然，根本上社會組織的目的都相同，也就是：促進個體福祉及安全，讓個體能更平和的在身邊環境中生存、更平安的養育下一代，以及在窮困不安的時候得到社會安全的保障，得以支持下去⋯⋯兩個社會的個體都是在一種可稱為「社會壓力」的力量下勞動。

或許我們可以用艾西莫夫的說法作總結。他在小說《機器人與帝國》（*Robots and Empire*）裡描述機器人開始改造人類，好保護機器人族群，並主張「我們必須塑造一個理想的物種並加以保護，而不是被逼著得從兩種以上不理想的物種裡去挑選」（London: Grafton Books, 1986, 465）。

頁29 不可能就只是輕鬆等著自然界來解決　我有個有點太幽默的生物學家同事，他說這種演化有一種可能的結局是人類分化成兩種，一種把另一種當成食物來養。就像威爾斯（H. G. Wells）在小說《時光機器》（*The Time Machine*）中描述的，Morlocks 族對 Eloi 族的所作所為。

有些演化學家認為人類已經停止演化，但這些主張除了扎實的科學基礎之外，似乎也有相當程度的政治正確基礎（可參見 Kate Douglas, "Are We Still Evolving?" *New Scientist*, March 11, 2006, 30）。我個人的看法則是，人類面對的選擇壓力與日俱增，必會造成演化，但希望不會是哲學家丹尼特（Dan Dennett）的那種悲觀版本：「或許我們會殘害我們的地球，最後只剩下古怪而又忍耐力卓絕的人能夠存活，像是能夠吃蚯蚓過日，還住在地下洞穴裡」（引自 Douglas, "Are We Still Evolving?"）。

頁30 根據柏拉圖的想法　柏拉圖在《理想國》第七卷提出這項建

議，先挑出受培訓的人，接受兩年嚴格的體能訓練，接著學習數學十年（這大概會讓大多數近代的國王和總統都去自殺），再接受哲學家指導，見習十五年，然後才能登上王位，而且是與其他的哲學家皇帝共治。

有意思的是，伊朗前領袖何梅尼（Ayatollah Khomeini）對柏拉圖的想法大感興趣，曾試著要在伊朗共和國推行。

頁30 聖經裡記載的所羅門王　所羅門王處理事情的手法十分高明。當時有兩位婦女在爭奪一個孩子，兩人都說自己是孩子的母親，所羅門王下令將孩子砍成兩半，一人分一半。這種做法別具巧思，因為他知道真正的生母應該寧願撤回告訴，也不願意見到孩子慘死刀下（列王記上 3:16-18）。

頁30 所羅門王每年光是黃金的收入就達到600,000　列王記上10:14。

頁30 包括蓋那座著名聖殿的600億美元　歷代志上22:14。

頁32 只局限於法律的字面意義而脫離了常識的詮釋，那根本就是蠢事一樁　出自狄更斯的小說《孤雛淚》（Oliver Twist）第51章：「『如果法律這樣認為，』邦伯先生說，『那法律就是個混蛋——一個白痴。如果法律這麼看，法律就還是個連眼睛都還沒開的小畜生；法律至少也該用常識來開開眼吧，常識啊！』」

頁32 聯合國核心國際人權條約　見 "The New Core International Human Rights Treaties," (New York and Geneva: United Nations, 2007), www.ohchr.org/ Documents/Publications/ newCoreTreatiesen.pdf。

第 2 章

頁 37 我們的正義感　從古希臘到現代，哲學家一直在探討究竟什麼叫做公平公正的社會，而隱含（也很合理）的推測是：這是我們大家都想要的。最有趣的當代看法，是由哈佛大學的哲學家羅爾斯（John Rawls）所提出的，他假設一種情形：人人都處在「無知的簾幕」（veil of ignorance）後面，無法判定自己會是什麼性別、種族、父母是誰，甚至也不知道自己可能的智能高低、能力高下或性格特質，在這種情形下，我們所希望身處的社會，就是公平公正的社會（見 *A Theory of Justice* [Cambridge, Mass.: Belknap Press, 1971]）。

頁 37 全身褐色的僧帽猴會滿腹牢騷而大發脾氣　見 Sarah F. Brosnan, "Nonhuman Species' Reactions to Inequity and Their Implications for Fairness," *Journal of Social Justice* 19 (2006): 153–85。

頁 39 常見的例子在於離婚時如何分財產　可參考 Will Hively, "Dividing the Spoils," *Discover Magazine*, March 1995（見 www.colorado.edu/education/DMP/dividing_spoils.html）。

頁 40 1994 年聯合國海洋法公約　由於聯合國協議明言各國對其大陸棚有專屬採礦權，因此該公約只適用於深海海床。但這在北極海造成了耐人尋味的問題，因為北極冰帽下有個「如陰莖似的海底地形」橫越，稱為羅蒙諾索夫海脊（對其形狀的描述，首見於 "Editorial: Save the Arctic Ocean for Wildlife and Science," *New Scientist*, September 1, 2007, 5），而俄國、加拿大、丹麥、挪威、美國的大陸棚都以此海脊相連。目前，前四國都正向聯合國申請該區鑽油權，聲稱這是其大陸棚的延

伸。至截稿前，美國還無法加入申請，原因在於美國根本就尚未簽署海洋法公約。

關於國際法的一般原則，有些很有趣的討論，請參見Abbas Raza, "Cake Theory and Sri Lanka's President," *3 Quarks Daily*, April 11, 2005, 3quarksdaily.blogs.com/3quarksdaily/2005/04/3qd_monday_musi.html。

頁41 這種說法也完美點出了「大中取小」原則的精髓　賽門並沒有正式接觸過賽局理論，這是他的直覺。見 *Why You Lose at Bridge* (New York: Simon & Schuster, 1946), 3。

頁41《賽局理論與經濟行為》　John von Neumann and Oskar Morgenstern, *Theory of Games and Economic Behavior*, 3rd ed. (Princeton: Princeton University Press, 1957)。

頁43 經濟學家帕拉喬華爾塔看了上千次罰球　"Professionals Play Minimax," *Review of Economic Studies* 70 (2003): 395–415。

頁44 她很快選擇了其中較小的一塊　在英格蘭北部絕對不會有這種事，至少在卡通人物安迪‧卡普（Andy Capp）的家裡不會。這個卡通人物自我中心到幾近頑固，而且還是個男性沙文主義者，他對於為什麼要拿大的那一塊，見解真是精闢獨到：

> 芙蘿（飽受安迪折磨的太太）：如果是我的話，我會有點禮貌，拿那塊小的。
> 安迪：所以囉，你拿到小的啦，不是嗎？

當然，拿小的還有別的理由，像是節食。而在某些國家，拿大的是在讚賞食物好吃，反而是禮貌的表現。不論如何，重點都一樣：要評量某個行為對某人的整體利益，實在是很不

簡單。

頁45 **將每種利益定出金錢價值** 甚至身體器官也能夠訂定價格。例
如2004年的南亞海嘯災難過後，印度南邊有一個貧窮小村
伊望納弗（Eranavoor），村中賴以維生的漁業遭到侵毀，
村裡的婦女就將自己的腎臟以一枚1000美元出售，好補貼
家計（見Randeep Ramesh, "Indian Tsunami Victims Sold Their
Kidneys to Survive, *The Guardian*, January 18, 2007, www.guardian.
co.uk/world/2007/jan/18/india.tsunami 2004）。
耐人尋味的是，美國腎臟移植醫師、器官移植醫師學會前主
席馬塔斯醫師（Arthur Matas），對腎臟捐贈僧多粥少的情
形感到憂慮，而提議應修改美國法律，使腎臟販賣合法化。
據估計，一枚健康的腎臟約需六萬到七萬美元，但就算再
加上移植手術成本，還是低於長期洗腎的費用（見 "Organ
Transplant Expert Answers Our Viewers' Questions about Kidney
Sales," *ABC News*, November 22, 2007, abcnews.go.com/WN/
story?id=3902508&page=1）。
甚至連人的文化傳承也可以定出金錢價值。我幾年前拜訪寮
國的時候，和當地導遊聊天，說到我覺得寮國人似乎太過追
求物質生活，而喪失了傳統生活方式。導遊對我大笑，他
說：「你先自己來過過看這種日子，再來瞧瞧你還會不會這
樣想。」
他說的也頗有幾分道理。我是從自己的角度，來評價他們的
文化傳承，而不是用他的角度出發。然而，兩者都可以用金
錢衡量。我身為西方觀光客的代表，願意花多少錢讓他維持
傳統傳承，好讓我能繼續以局外人的身分享受？而他又要收

到多少錢，才願意維持傳統，不要現代化（但麻煩的是，他可能收了錢、卻還是現代化了）？

在婆羅洲，國際森林研究中心（Center for International Forestry Research）發現，傳統的生物多樣性調查資料，並不足以判定哪些是屬於應保留的資源，因此正在嘗試採用一種新的判定方法（見 Charlie Pye-Smith, "Biodiversity: A New Perspective," *New Scientist*, December 10, 2005, 50–53）；每到要分配資源及用途時，由研究人員詢問當地原住民，了解哪些對原住民最重要，並尊重原住民的觀點。

頁45 賄賂還是最有效的方法　賄賂在西方普遍給人一種壞印象，但其他文化的看法可能相當不同。等到西方人想和這些文化做生意，就會產生問題。因此，經濟合作暨發展組織（Organisation for Economic Co-operation and Development, OECD）近來研擬一項政策以「避免賄賂公職人員」，適用於「中東及北非的特定國家」（OECD, "Business Ethics and Anti-Bribery Policies in Selected Middle East and North African Countries 2006," www.oecd.org/dataoecd/56/63/36086689.pdf）。

就我看來，其實如果定的是中東及北非特定國家「可以接受賄賂」的政策，可能不但更有效，也更能說是尊重文化差異。

頁45 農夫要收多少錢才肯放過那些樹籬　答案是大約每公尺1.5美元，而要栽種新樹籬的價錢則是每公尺14美元（可參考 www.durham.gov.uk/durhamcc/usp.nsf/pws/ETS+Projects+-+County+Durham+Hedgerow+Partnership+-+Field+Boundary+Restoration+Grant+Scheme）。兩者之間的差異，讓很多農

民偷偷把舊樹籬給挖了、換成新樹籬，一直到法條漏洞補起來之後，這種行為才停止。

頁47 util（效用值） 這個度量單位讓賽局理論家得以建構偏好量表。相關文獻很多（例如www.changingminds.org/explanations/preferences/preferences.htm），強調的是不同人對於特定事物的偏好比較。光這樣就已經夠難的，但賽局理論家還想再比較同一個人對於不同事物的偏好，而且還要相加，因此他們才發明了這個單位。

頁49 分蛋糕的難題 Jack Robertson和William Webb廣泛討論了這個問題，而且淺顯易懂，請參見 *Cake-Cutting Algorithms: Be Fair If You Can* (Natick, Mass.: A. K. Peters, 1998)。

頁49 一夫三妻的案例 關於這個問題的細節探討，請參見Robert J. Aumann and Michael Maschler, "Game Theoretic Analysis of a Bankruptcy Problem from the Talmud," *Journal of Economic Theory* 36 (1985): 195–213。奧曼教授有另一篇精彩文章，用比較不那麼純學術細節、也不那麼數學的角度，將這篇文章加以摘要，請見 "Game Theory in the Talmud," Research Bulletin Series on Jewish Law and Economics (Toronto: York University, n.d.), dept.econ.yorku.ca/~jros/docs/AumannGame.pdf。古代猶太幣值的討論，請見Micael Broyde and Jonathon Reiss, "The Ketubah in America: Its Value in Dollars, Its Significance in *Halacha* and Its Enforceability in Secular Law," www.jlaw.com/Articles/KETUBAH.pdf。

頁50「有爭議部分的平分法」……是處置領土爭議最公平的方法 請參

見如 Herschel I. Grossman, "Fifty-four Forty or Fight," Brown University Economics Working Paper No. 03–10, April 2003, papers.ssrn.com/s013/papers.cfm?abstract_id=399781（摘要）。

頁52 布蘭姆斯（Steven Brams） 是和平科學協會（Peace Science Society）的前主席，也不斷提出許多在各種領域的權力和合作概念，從恐怖份子網絡中的各種影響和權力，到選舉委員的新方法（參見 politics.as.nyu.edu/object/stevenbrams.html）。

頁52 獲得專利的電腦運算法，能公平分配貨品的所有權　專利編號 5,983,205 (November 9, 1999); assignee: New York University; inventors: Steven J. Brams and Alan D. Taylor。很遺憾，布蘭姆斯和泰勒的運算法步驟太多，無法在這裡簡單介紹，但網路上有一篇深入淺出的說明，請見 www.barbecuejoe.com/bramstaylor.htm。

頁52 《雙贏策略：人人都公平》 *The Win-Win Solution: Guaranteeing Fair Shares to Everybody*, Steven J. Brams and Alan D. Taylor (New York: Norton, 1999)。

頁52 現在已有相當進展，有愈來愈多公平公正的方法出爐　可參見 S. Mansoob Murshad, "Indivisibility, Fairness, Farsightedness and Their Implications for Security," United Nations University Research Paper 2006/28, March 2006。

頁55 「德爾菲法」（Delphi technique） 是在 1960 年代由蘭德公司（RAND Corporation）所提出的（蘭德公司也是發展及使用賽局理論的地方），廣獲各大機構採用，除了商業界和政府單位，也得到如美國國家癌症研究所（National Cancer

Institute）等機構青睞。「德爾菲法」的命名典故出希臘德爾
菲（Delphi）當地的神諭者皮緹雅（Pythia），她是太陽神阿
波羅的女祭司。理論上，她傳達的神諭是來自阿波羅給她的
靈感，但很可能靈感的來源只是她所住穴室裡地面裂縫漏出
的乙烯氣。

如果想清楚了解近代的「德爾菲法」，可參見 Allan Cline,
"Prioritization Process Using Delphi Technique," white paper,
Carolla Development, 2000, www.carolla.com/wp-delph.htm。

頁55 *一群同樣專精或同樣無知的觀察者的平均意見* 見 Eric S.
Raymond, *The Cathedral and the Bazaar: Musings on Linux and Open
Source by an Accidental Revolutionary*, rev. ed. (Cambridge, Mass.:
O'Reilly, 2001)。

頁55 *「每個禮拜，群眾智識都是贏家」* 見 James Surowiecki, *The Wisdom
of Crowds: Why the Many Are Smarter than the Few and How Collective
Wisdom Shapes Business, Economies, Societies, and Nations* (New York:
Doubleday, 2004)。

第3章

頁58 *「同步賽局」……表示的方法類似第1章「囚犯困境」的矩陣* 這
種表示法出自於馮諾伊曼（John von Neumann），稱為「標
準式」（normal form），展現的是唯一可行的選擇；相對的是
擴展式，展現的是各種策略和結果的樹狀圖。賽局理論家會
視目的為何，在兩種表示法中擇一使用。一般而言，如果雙
方為同步下決策，就採用矩陣；如果是先後輪流下決策（逐

序決策），則採用樹狀圖。馮諾伊曼已用數學證明這兩種表示法是等價的。

即使是單純的情形，只有兩個參與者、在兩種策略中擇一，各種獎勵報酬的可能組合可以排出78種可能的矩陣（見 Melvin J. Guyer and Anatol Rapoport, "A Taxonomy of 2 x 2 Games," *General Systems* 11 [1966]: 203–14）。其中多數不是不重要、就是沒有壞影響，只有少數幾種會讓我們陷入社會困境，就像電影「駭客任務」裡人類陷在虛擬世界中一般。電影裡還可以怪那些已發展出意識的機器，現實生活裡我們就只能怪自己。

頁61 「公共財悲劇」其實就是多人的囚犯困境　賽局理論家已用數學證明，「公共財的悲劇」等於是一連串兩人間的「囚犯困境」。

頁63 甚至包括削減軍備在內　關於這項論點的有力證明，請見 Jeffrey Rogers Hummel, "National Goods versus Public Goods: Defense, Disarmament, and Free Riders," *Review of Austrian Economics* 4 [1990]: 88–122, www.mises.org/journals/ rae/pdf/ rae4_1_4.pdf。

頁63 處理共有資源時常常面臨的問題　希臘哲人亞里斯多德是首先發現這個問題的人之一，他觀察到「最多人所共有的事物，就最少人會去關心」（見 *Politics*, Book II, chapter 3, 1261b, translated by Benjamin Jowett, *The Politics of Aristotle: Translated into English with Introduction, Marginal Analysis, Essays, Notes and Indices* [Oxford: Clarendon Press, 1885]）。現代版本請見 www.

gutenberg.org/etext/6762。

頁66 免費的暖氣　我相信，至少有些時候是暖氣根本關不掉，所以市民逼不得已要開門開窗，才能讓室內溫度下降。

頁66 隔間牆很薄　根據澳大利亞管理研究所的馬可斯（Robert E. Marks）教授所言，匈牙利共產政權遵循馬克思的信念，認為居住只是達到目標（讓工人進工廠）的手段，因此只會對居住投入最低資本，以免占用到要投入工廠的資源（見 "Rising Legal Costs," in *Justice in the Twenty-First Century*, ed. Russell Fox (London: Cavendish Publishing, 1999), 227–35）。

頁66 社會成本很快就會飆升　哲人羅素對此深有體認，因此寫下短文〈閒散頌〉，但他提出很重要的一點：「很多有錢人完全沒想到，窮人竟然也該有休閒」(*In Praise of Idleness and Other Essays* [New York: Routledge, 2004], www.zpub.com/notes/idle.html)。

頁67 吉朋（Edward Gibbon）《羅馬帝國興亡史》(*The History of the Decline and Fall*) 的作者，曾在牛津大學就讀十四個月，後來說那是他人生中「最無聊且無益」的一段時光。

頁67「有油可揩，何必做工！」 "The working class can kiss me arse"，出自 Dorothy Hewett, "This Old Man Comes Rolling Home" (play). Sydney: Currency Press, 1976。

頁69 收受賄款或回扣的官員　出自德國報紙《每日鏡報》(*Der Tagesspiegel*, December 17, 1996)：「泰國內政部副部長 Pairoj Lohsoonthorn 公開要求官員接受賄賂。他向泰國《民意報》表示，他向部內土地買賣部門同仁下令，所有賄款一律接

受。然而，公職人員不得主動要求賄款或提出價目表。Pairoj 副部長表示：『這是泰國文化的一部分。』由於公職待遇低，接受賄款也十分合理。」

頁69《朱門》 *Vermilion Gate*, New York: Abacus, 2002。

頁70 海軍中校亞加沃是個絕佳的例子 "The Naval Salute," *Quarterdeck* 18 (2005): www.bharat-rakshak.com/NAVY/Articles/Article07.html。

頁71 古巴飛彈危機　一般均認為這次事件屬於膽小鬼賽局，而且更由美國國務卿魯斯克（Dean Rusk）的著名評論中得到進一步證實：「我們當時可說是眼瞪著眼，而我想另一方眨了一下。」（見 Steven J. Brams, "Game Theory and the Cuban Missile Crisis," *Plus* [January 2001]: plus.maths.org/issue13/features/brams/index.html。在這篇發人深省的文章中，布蘭姆斯提出了另一種有趣的解讀。）

頁71《常識和核武戰爭》 *Common Sense and Nuclear Warfare*, London: Allen and Unwin, 1959, 30。

頁73 鷹鴿賽局（Hawk-Dove）　這些策略首見於 "The Logic of Animal Conflict" (J. Maynard Smith and G. R. Price, *Nature* 246 [1973]: 15–18)。第一眼看來，鷹派似乎穩操勝算，鴿派應該很快就會從基因庫裡消失，但事實上，要看雙方個體碰到彼此的頻率。如果兩個鷹派的個體碰頭，會引發爭戰而受傷；但兩個鴿派個體碰頭，跑得慢的反而能得利，而跑得快的至少也不會受傷。最後的結果是，大多數動物族群裡都同時有使用不同策略的個體。

頁74 螽斯　也稱為長角蚱蜢或是灌木蟋蟀。

頁75 替一群過重的人拍下緊身泳裝照　見 "Lose the Weight, or Wear the Bikini on TV," ABC News, March 15, 2006, abcnews.go.com/Primetime/story?id=1725982。經過協商的威脅，如果受威脅的一方還能重新協商、阻止威脅發生，就很難真正執行。而這裡的威脅案例，另一個可信處在於它還上了廣告，所以就算參與者沒能成功減重，也很難再起協商。

頁76 下令將船全數毀去　傳說柯爾特斯把船燒了，但實際上他只是先把大砲拆下來，再把船鑿沉（見 Winston A. Reynolds, "The Burning Ships of Hernán Cortés," *Hispania* 42 (1959): 317–24）。

頁77 溝通正是各種策略協調及妥協的關鍵　很多動物都能用各種肢體姿態來溝通，雖然比不上語言的靈活度，但也可以說是一種溝通形式。

頁77 自願者困境　亞里斯多德精準掌握並描述了這種困境，他說：「每個人都傾向忽略他希望別人完成的事（*Politics,* Book II, chapter 3, 1261b, translated by Benjamin Jowett, *The Politics of Aristotle: Translated into English with Introduction, Marginal Analysis, Essays, Notes and Indices* (Oxford: Clarendon Press, 1885)。現代版本請見 www.gutenberg.org/etext/6762。

頁77 「如果人人都這樣想呢？」　見 Joseph Heller, *Catch–22* (New York: Simon & Schuster, 1961)。

頁77 住在阿根廷火地島的亞根印第安人　最後一個純種亞根人 Felipe 於 1977 年因年邁而過世。

頁79 重點就在於要具備有力的暗示　根據史諾（C. P. Snow）的著作，「只要讀〔南極探險家〕史考特的探險日誌，一定會看出來，

〔受傷後決定犧牲自己以免拖累隊友的〕歐提斯隊長其實接受到不只一次的暗示，告訴他該離開」(Last Things [London: Penguin Books. 1972], 310)。

頁80 上士拉伯（Laszlo Rabel） 這位軍士獲頒美國榮譽勳章，表揚其「卓越的英勇事蹟」。頒獎儀式於1968年11月13日上午10點，在越南共和國的平定省舉行（www.homeofheroes.com/moh/citations_ 1960_vn/rabel_laszlo.html）。

頁81 邀請讀者寄回函索取20或100美元的贈禮 這也可以看作是多人的「囚犯困境」。完整結果分析請見William Poundstone, *Prisoner's Dilemma* (Oxford: Oxford University Press, 1993), 203–4。

頁81 謝林（Thomas Schelling） 謝林這本具開創性的著作《衝突的策略》（*The Strategy of Conflict*），是在1960年由哈佛大學出版社出版，至今讀來仍然有趣、豐富、發人深省。

頁82 柴契爾夫人因為時常拋出假線索而聞名 見Geoffrey W. Beattie, "Turn-Taking and Interruption during Political Interviews: Margaret Thatcher and Jim Callaghan Compared and Contrasted," *Semiotica* 39 (1982): 93–114。

頁86 達爾文……向表姊艾瑪求婚 據說這些工夫還搞得他鬧頭疼，而艾瑪則是被這突如其來的求婚給嚇壞了，弄得「兩個看起來心情都很差」，而且表現得實在太明顯。當時有幾個阿姨姑媽在附近，想等求婚成功要好好慶祝一下，結果她們都還以為求婚已經告吹了。

頁87 奧曼（Robert Aumann） 根據諾貝爾委員會的公告：

在許多現實生活的情境中，長期關係會比單次來往容易建立合作。因此，只分析短期的賽局便常常過於局限。奧曼首開先例，完整分析了所謂的無限重複賽局（infinitely repeated game），其研究明確指出在長期關係中能夠維持什麼樣的結果。

重複賽局理論讓我們更了解合作的前提：為何參與者更多、互動較不頻繁、互動容易被打斷、歷時短、或無法明確掌握他人動態時，合作就愈困難。對於這些問題的洞見，有助於解釋各種經濟衝突，例如價格戰、貿易戰爭，以及為何某些社會管理共有資源的成果就是比較成功。重複賽局理論可以解釋許多機構存在的理由，從各種商業公會、組織性犯罪、工資協商、到國際貿易協定，不一而足（nobelprize.org/nobel_prizes/economics/laureates/2005/ press.html）。

頁88「獵鹿問題」……斯卡姆（Brian Skyrms）認為，與其說這是囚犯困境的問題，不如說是社會合作的問題 見Brian Skyrms, Presidential Address to the Pacific Division of the American Philosophical Association, March 2001, www.lps.uci.edu/home/facstaff/faculty/skyrms/StagHunt.pdf. 斯卡姆教授也為其論點提供許多有趣的例子，請見The Stag Hunt and the Evolution of Social Structure (Cambridge: Cambridge University Press, 2004)。

頁88 名稱來自法國哲學家盧梭講過的一則小故事 見*A Discourse on a Subject Proposed by the Academy of Dijon: What Is the Origin of Inequality Among Men, and Is It Authorised by Natural Law?* (1754), translated by G. D. H. Cole, and rendered into HTML and text by Jon Roland, www.constitution.org/jjr/ineq.txt。

盧梭曾說：「人生而自由，但無處不在枷鎖中。」出自於其著作 *The Social Contract* (translated by Maurice Cranston [New York: Penguin, 1968, 1]) 書首。這本書內容有點黑暗，對當時每個人而言都算有些冒犯，而且內容也十分「馬基維利」。例如盧梭說宗教應該是國家的僕人，教導民眾愛國、市民德性及武德。盧梭甚至也提出，只要人的行為和國教所教導的行為有所違背，就應該處以死刑。這還真是有個人自由。

頁90 1989年憲法修正案　見William Poundstone, *Prisoner's Dilemma* (Oxford: Oxford University Press, 1993), 220。

第4章

頁93 各國用的名字不太一樣　見www.netlaputa.ne.jp/~toky03/e/janken_e.html。

頁94 華盛頓用猜拳來決定出帳篷的先後順序　這個為人津津樂道的故事其實起源並不明確，華盛頓和羅尚博（以及法國的巴拉斯伯爵）確實代表聯軍簽了英軍降書，而英方代表康沃利斯侯爵和西蒙德斯（Thomas Symonds）也的確簽了降書，但無論是華盛頓的日記或是任何地方，都沒提到究竟是在哪裡簽的。日記現已打字整理出書，並附有詳細注釋，請見Donald Jackson and Dorothy Twohig, eds. *The Diaries of George Washington. 3: The Papers of George* Washington (Charlottesville: University Press of Virginia, 1978)。

頁94 佛羅里達州法官命令兩人猜拳解決　當時這兩個坦帕市的律師，雖然事務所就在同一棟大樓裡，只差個四樓，但確定無法就該在哪裡傳訊證人達成共識，於是佛羅里達州奧蘭多市的法官普雷斯奈爾（Gregory A. Presnell）下了這個特殊的命令（"Order of the Court," *CNNMoney.com/Fortune*, June 7 2006, money.cnn.com/2006/06/07/magazines/fortune/judgerps_fortune/index.htm）。

頁94 大部分人都很熟悉猜拳規則　講到世界盃就沒那麼簡單了（真的，猜拳也有世界盃！），要分成「預備動作」（prime）、「過渡動作」（approach）和「出拳動作」（delivery）。根據世界猜拳協會（World Rock Paper Scissors Society）的網站：

> 「預備動作」是要讓雙方協調動作，好讓出拳時間一致。動作規則是將拳頭從手臂完全伸直的狀態收回到肩膀、再到完全伸直的狀態。這個階段十分重要，如果雙方的預備動作未能同步，就必須重來，因為雙方得同時出拳，比賽才能公平。慣用的預備動作分為兩種：
>
> 1) 歐洲預備動作：動作做三次。雙方要同時做三次預備動作，再進到過渡動作。
>
> 2) 北美預備動作：動作做兩次。雙方要同時做兩次預備動作，再進到過渡動作。
>
> 「過渡動作」介於最後一次預備動作和出拳動作之間。參賽者手臂最後一次揮下的時候，就必須決定出什麼拳。在最後一次預備動作回到肩膀之後，便開始「過渡動作」，而到手臂和身體呈90度結束。參賽者必須在手臂到達90度前出拳，超過90度，便強制判定為石頭（Forced Rock，因為這會是手臂通過90度時手的樣子）。

這種設計其實主要是為了作秀，而不是實質公平。真想達到公平的話，很簡單的辦法是參賽者背對背、從背後出拳，再由獨立的評判來宣布輸贏。只是這樣也就太無趣了。

頁95 無法決定要交給佳士得還是蘇富比來承辦　Carol Vogel, "Rock, Paper, Payoff: Child's Play Wins Auction House an Art Sale," *New York Times*, April 29, 2005, www.nytimes.com/2005/04/29/arts/design/29scis.html。
拍賣公司會給自己的拍賣品取一些代碼別稱，而佳士得把這一批叫做「剪刀」，理由再明顯不過。

頁96 某集的「辛普森家庭」　Episode 9F16 "The Front," FOX, 1993, written by Adam I. Lapidus and directed by Richard Moore。

頁96 出剪刀的百分比比其他兩種都低　29.6%這個數字來自世界猜拳協會網站，參見www.worldrps.com。

頁97 猜拳遊戲具有一種「非遞移」的本質　回顧一下，在邏輯和數學上講「遞移」（intransitive）是代表：如果A大於B、B大於C，則A大於C。這適用於像數字、高度、速度、某物是否在某物之後等等一般狀態；而「非遞移」就少見得多，可能會讓人想破頭，還是覺得糊里糊塗的。

頁97 加州側斑蜥蜴　見Kelly R. Zamudio and Barry Sinervo, "Polygyny, Mate-Guarding, and Posthumous Fertilization as Alternative Male Mating Strategies," *Proceedings of the National Academy of Sciences (U.S.)*, December 2000, www.pnas.org/cgi/content/abstract/011544998v1（摘要）。

頁98 生存在同一環境下的不同細菌之間，也能保有生物多樣性

見Benjamin Kerr, Margaret A. Riley, Marcus W. Feldman, and Brendan J. M. Bohannan, "Local Dispersal Promotes Biodiversity in a Real-Life Game of Rock-Paper-Scissors" *Nature* 418 (July 11, 2002): 171–74。

頁98 自動運作的平衡，是生物多樣性的重要原因　見Richard A. Lankau and Sharon Y. Strauss, "Mutual Feedbacks Maintain Both Genetic and Species Diversity in a Plant Community," Science 317 (September 2007): 1,561–63)。也請參見Richard A. Lankau, "Biodiversity: A Rock-Paper-Scissors' Game Played at Multiple Scales," *Scitizen*, scitizen.com/screens/blogPage/viewBlog/sw_viewBlog.php?idTheme=22&id Contribution=1076。

頁100 獨處者策略或是自願者策略　見C. Hauert, S. De Monte, J. Hofbauer, and K. Sigmund, "Volunteering as Red Queen Mechanism for Cooperation in Public Goods Games," *Science* 296 (2002): 1,129–32, and "Replicator Dynamics for Public Goods Games," *Journal of Theoretical Biology* 218 (2002): 187–94。

頁100「有人自願，可以緩解社會困境」　見Manfred Milinski and his group Dirk Semmann, Hans-Jürgen Krambeck, and Manfred Milinski "Volunteering Leads to Rock-Paper-Scissors Dynamics in a Public Goods Game," *Nature* 425 (2003): 390–93。

頁102「三方對決」「三方對決」的英文字truel是耶魯大學經濟學家蘇必克（Martin Shubik）在1960年代創出的字（參見下面一條注釋）。

頁104 基爾高和布蘭姆斯　他們兩位率先分析了「三方對決」的情

形，見 "The Truel," *Mathematics Magazine* 70 (1997), 315–16。

頁105 義大利國會的上下議院已經解散過七次之多　分別在1972、1976、1979、1983、1994、1996，以及2008年。

第5章

頁109 鯡魚的「放屁」溝通法，就抵過千言萬語　你也可以假裝是掠食者來聽聽看，請至 news.nationalgeographic.com/news/2005/11/1118_051118_herring_video.html ("Video in the News: Do Herring Fart to Communicate?" *National Geographic*, November 18, 2005)。

頁110 詹姆士（Clive James）……發表一點「氣體形態」的意見　這件事可見於其自傳 *Unreliable Memoirs* (London: Picador, 1981)。書中已經先好心提出警告：在公共場所閱讀、又笑得不可遏抑的話，可能會引來白眼。像我讀到「我失敗的原因，就是兩個培根捲和一個蛋黃派」，就笑到失態。書裡可以看到許多我自己也有的澳洲童年經驗，很多還是最好別有人知道的那種。

頁110 派托曼（Le Pétomane）　這是普耶爾（Joseph Pujol）的藝名。他除了能「屁」出一首法國國歌之外，甚至還能用屁來吹笛子，還有「屁」熄幾公尺外的蠟燭。他表演的高峰是表演出一場熱鬧滾滾的1906年舊金山大地震。他的生平改編成音樂劇《曲屁男》（*Fartiste*），在2006年的紐約藝穗節奪下最佳音樂劇大獎，參見 www.broadwayworld.com/

viewcolumn.cfm?colid=15679。

頁110「搖擺舞」 參見http://www.youtube.com/watch?v=
4NtegAOQpSs，這段影片對於相關的科學知識解釋得十
分清楚。亦請參見Thomas D. Seeley, *The Wisdom of the Hive:
The Social Physiology of Honey Bee Colonies* (Cambridge: Harvard
University Press, 1996)。

頁110 不論是放屁、跳舞或是留下氣味 全為女性的社群（如修道
院）成員的經期會同步化，背後因素是無意識的氣味訊息，
稱為「麥克林托克效應」（McClintock effect，參見Martha
McClintock, "Menstrual Synchrony and Suppression," *Nature* 229
(1971): 244–45和K. Stern and M. K. McClintock, "Regulation
of Ovulation by Human Pheromones," *Nature* 392 (1998): 177–
79）。
麥克林托克研究團隊和其他研究者採用「汗濕T恤」實驗，
請受試女性嗅聞男人穿過的T恤，結果顯現，女性以氣味
當作線索，而傾向選擇基因背景與自己不同的伴侶人選。
參見Suma Jacob, Martha J. McClintock, Bethanne Zelano, and
Carole Ober, "Paternally Inherited HLA Alleles Are Associated
with Women's Choice of Male Odor," *Nature Genetics* 30 (2002):
174–79）。

頁110 座頭鯨發出的歌聲有句法階層 見R. Suzuki, J. R. Buck, and P.
L. Tyack, "Information Entropy of Humpback Whale Songs,"
Journal of the Acoustical Society of America 119 (2006): 1,849–66。
作者使用統計和資訊理論科學，顯示鯨魚發出的聲音有

複雜的模式，並非隨機的。如果想聽聽鯨魚的聲音，可至www.newscientist.com/article/dn8886-whalesong-reveals-sophisticated-language-skills.html，並點選相關連結（Roxanne Khamsi, "Whale Song Reveals Sophisticated Language Skills," NewScientist.com, March 23, 2006）。

新聞記者巴倫（David Baron）在一次節目訪談中，對這項研究有精闢的摘要介紹，參見 "Information Theory and Whale Song," *The Science Show*, ABC Radio, Australia, June 17, 2000, www.abc.net.au/rn/science/ss/stories/s140922.htm。

頁111 位元構成一個最小單位，能區分出兩種不同情形　例如開關可以關或開，而在電腦裡就是對應成0或1。

頁111 世界紀錄保持人、美國總統甘迺迪（每分鐘327字）　這是公開演講的金氏世界紀錄，時間在1961年12月，甘迺迪擔任總統第一年的年底。

頁111 平均每個音素是5.5個位元　這種描述語言的方式是由E. Colin Cherry、Morris Halle、Roman Jakobson提出，參見 "Toward the Logical Description of Languages in Their Phonemic Aspect," *Language* 29 (1953): 34–46。也有人說起源是暴躁的英國語言研究者史威特（Henry Sweet），他發明將字記為一串音素的速記法，蕭伯納也以他為藍本，寫出戲劇《賣花女》（後改編為音樂劇「窈窕淑女」）裡面的角色希金斯教授（Professor Henry Higgins）。

頁111 平均每個字有4到6個音素　當然，這要看所用字詞複雜程度而定，日常對話較低、學術研討會談話較高，而如果是賽

局理論研討會的專家對談，更可能高到爆表。請參見Noam Chomsky, "Langage des machines et langage humain," *Language* 34 (1958): 99–105。

頁111 協商　當然，這裡只談到表面，而且主要焦點是兩人或兩個團體間的協商。若參與者人數增加，能用的策略也會增加。例如本章稍後所提，若是單人要和多人協商，減少提供的資產價值，反而有利！參見 Adam M. Brandenburger and Barry J. Nalebuff, *Co-opetition* (London: HarperCollins, 1996。

頁111 通常排便多的就是贏家　William R. Hartston and Jill Dawson, *The Ultimate Irrelevant Encyclopaedia* (London: Unwin Paperbacks, 1985), 102)。Hartston替倫敦的《每日快報》(*Daily Express*) 寫幽默專欄「海灘拾荒者」(Beachcomber)，而有人覺得他的風格有點太偏向「海灘拾荒者」的刻板印象。

頁112 指縫間出現一條黑色線條　細節請參見我的著作《靈魂有多重？》(*Weighing the Soul: Scientific Discovery from the Brilliant to the Bizarre* (New York: Arcade, 2004)，中文版由天下文化出版)。

頁113 歌手梅利（George Melly）找到的威脅方式可是別具神效　這個事件記錄在梅利自傳中的第一卷，參見*Owning-Up* (Harmondsworth: Penguin, 1970)。

頁116「原則上，任何非定和的賽局都能轉換成雙贏賽局」　見Roger A. McCain, *Game Theory: A Non-technical Introduction to the Analysis of Strategy* (Mason, Ohio: Thomson/South-Western, 2004), 183。這種心態轉變十分重要，賽局理論家會區分所謂的「非合作」賽局（參與者不加入協商）和「合作」賽局（有可能協商，

因此可以提出合作的誘因，像是補償給付或是威脅，以阻止參與者作弊或背叛）。

頁116 他們陷入了囚犯困境　最簡單的說明方式，就是讓法蘭克和伯納德回到小時候，看看留著禮物或給出禮物時的臉上表情：

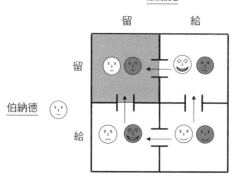

對兩人都好的結局是給－給（右下角），但兩人必須先結成聯盟並協調策略，才能達到，否則兩人各依自利而獨立行事，優勢策略就會是留－留（參見箭頭方向，細節請見方塊3.1）。

頁117 背後捅刀、流言蜚語、投靠敵營　有一個例子特別清楚，請參見 C. P. Snow的 *The Masters* (New York: Charles Scribner's Sons, 1951)。

頁119 兩位划船手坐在船的兩邊，各持一槳　休謨的這個故事出自 *Treatise on Human Nature* (Book III, part 2, section 3 [New York: Oxford University Press, 2000])。

頁119 雙方共同的個人利益促成聯盟關係　如加拿大哲學家高提耶

（David Gauthier）所言，「每個人都有兩種可能動作：划或不划。兩人都想要的結果是兩人都划……而不是兩人都不划、或是其他任何結果。他們達到優勢、穩定的協定……能夠協調動作，使得雙方的行為達到同一，並且遵行不悖（"David Hume, Contractarian," *Philosophical Review* 88, no. 1 (January 1979): 3–38）。

頁119 最省力的合作方式　針對一般、有多位參與者的情境，在處理完所有補償給付的情況下，賽局理論家將各個聯盟成員所得到的部分稱為「分配法」（allocation）。如果沒有別的辦法能在不損及某人利益下增加他人利益，則該分配法為「有效率」（efficient）。對應到這種情境的聯盟架構稱為「核心」（core）。參見Roger A. McCain, *Game Theory: A Non-technical Introduction to the Analysis of Strategy* (Mason, Ohio: Thomson/ South-Western, 2004), 185。

頁121 納許談判解　這是納許對談判賽局提出的帕雷托最佳解（"The Bargaining Problem," *Econometrica* 18 (1950): 155–62）。本文所列四種情境的討論，請見Shaun Heap and Yanis Varoukis輕薄簡潔的著作 *Game Theory: A Critical Introduction* (London and New York: Routledge, 1995), 118–28。

頁122 協商購買電視廣告或其他行銷方式　見Leonard Greenhalgh and Scott A. Neslin, "Nash's Theory of Cooperative Games as a Predictor of the Outcomes of Buyer-Seller Negotiations: An Experiment in Media Purchasing," *Journal of Marketing Research* 20 (1983): 368–79，和Scott A. Neslin and Leonard Greenhalgh,

"The Ability of Nash's Theory of Cooperative Games to Predict
the Outcomes of Buyer-Seller Negotiations: A Dyad-Level Test,"
Management Science 32 (1986): 480–98。

頁122「史上最成功的拍賣」 見William Safire, "The Greatest Auction
Ever," *New York Times*, March 16, 1995, A17。

頁122 廣電頻譜的拍賣 美國聯邦通訊委員會（Federal
Communications Commission）描述如下：

> 這是同時性多回合（SMR）拍賣，整場拍賣中隨時可對任何
> 執照出價，因此稱為「同時」。與一般連續式的出價不同，
> SMR拍賣每回合分離、但前後仍有承接，委員會事先會公布
> 每回合為時長短。
>
> 每回合結束後，計算結果並公布。競標者此時才會知道其他
> 競標者的出價，於是所有競標者更清楚各執照的價值，最重
> 視某執照的競標者也就更有機會取得該執照。各拍賣回合之
> 間有空檔時間，供競標者判斷及調整出價策略。在SMR拍
> 賣裡，不預定拍賣要有幾回合，而是不斷重複，直到某回合
> 所有競標者不再出價為止，該回合便成為最後結束的回合」
> （FCC, "Simultaneous Multiple-round (SMR) Auctions," August 9,
> 2006, wireless.fcc.gov/auctions/default.htm?job=about_auctions&
> page=2）。

頁123「賽局理論的問題，在於它能解釋一切」 見Richard Rumelt,
discussion comment at the conference "Fundamental Issues in
Strategy: A Research Agenda for the 1990s" (Richard P. Rumelt,
Dan E. Schendel, and David J. Teece, eds. [Boston: Harvard
Business School Press, 1994])。

頁123 魯梅特的「燒褲子推測」 見 "Burning Your Britches Behind
You: Can Policy Scholars Bank on Game Theory?" *Strategic*

Management Journal 12 (1991): 153–55。

頁124 電影「神經戰線」（The Front） 這部電影的編劇、導演，還有許多演員（包括莫斯提爾），在現實生活中還真的也被列在黑名單之中，也使得電影更具說服力。

頁125 類似印尼的國家⋯⋯不到30美元，也常常造成破局 見 Lisa Cameron, "Raising the Stakes in the Ultimatum Game: Experimental Evidence from Indonesia," *Working Paper #345*, Industrial Relations Section, Princeton University, 1995，引述自 Robert Slonim and Alvin E. Roth, "Learning in High- Stakes Ultimatum Games: An Experiment in the Slovak Republic," *Econometrica* 66, no. 3 (May 1998): 569–96。

頁125 觀察B接受或拒絕時的腦部活動 見 Alan G. Sanfey, James K. Rilling, Jessica A. Aronson, Leigh E. Nystrom, and Jonathan D. Cohen, "The Neural Basis of Economic Decision Making in the Ultimatum Game," Science 300(2003): 1755–58。

頁126 最後通牒遊戲⋯⋯「不讓『囚犯困境』專美於前」 見 Martin A. Nowak, Karen Page, and Karl Sigmund, "Fairness versus Reason in the Ultimatum Game," *Science* 289 (2000): 1,773–75。

第6章

頁129 「如果連狗和小小孩都不能相信」 原載於 October 25, 1959. *Don't Give Up, Charlie Brown* (Greenwich, Ct.: Fawcett Publications Inc., 1974。

頁129 歷史上傳說，羅利爵士將自己的斗篷脫下　這段故事其實是純屬虛構，可能是出自福勒（Thomas Fuller）的著作《英國偉人傳》（*Anglorum Speculum or the Worthies of England,* 1684）。而且在伊莉莎白時期小說家司各特爵士（Sir Walter Scott）1821年的浪漫小說《凱尼爾沃思》（*Kenilworth*）更為渲染，女王說：「請聽吾言，雷利大人，請長著泥篷於汝身。」

頁130 露西總是能讓查理布朗相信她不會……把球拿開　這個例子出自 *Don't Give Up, Charlie Brown* (Greenwich, Ct.: Fawcett Publications Inc., 1974)。漫畫家舒茲（Charles Schulz）在1976年寫道：「露西每年都叫查理布朗跑過來踢球，每次她也都把球拿開，這已經十八年了。我每次畫完該年的這一頁，總很確定自己再也想不到別的點子，但到目前為止，卻又總能想出些新的結尾花樣……有一位職業橄欖球球員告訴我，有一次在明尼蘇達大學的校際比賽，他還真看到這種情形上演。」（*Peanuts Jubilee: My Life and Art with Charlie Brown and Others* [London: Penguin, 1976], 91）
舒茲最後總共畫了二十年，而露西講的話包括：
「我已經改頭換面了……難道我看起來不值得信任嗎？」(1957)
「你該學學怎麼相信別人。」(1959)
查理布朗在最後一刻收腳，以為可以逮到露西把球拿開。露西說：「你現在誰都不信了嗎？」於是查理布朗再試了一次，結果當然也不出人意外。(1961)
「女人的握手沒有法律效力。」(1963)
在1976年，露西甚至直接告訴查理布朗她要把球拿走，但

查理布朗沒仔細聽。露西說：「男人就是不聽女人到底在講什麼，對吧？」

頁131 信任有三種功能　見 Barbara Misztal, *Trust in Modern Societies: The Search for the Bases of Social Order* (Cambridge: Polity Press, 1996)。

頁131 原則上，任何「非定和」的賽局都能轉換成雙贏賽局　見 Roger A. McCain *Game Theory: A Non-Technical Introduction to the Analysis of Strategy* (Mason, Ohio: Thomson/South-Western, 2004), 183。

頁132 人出生後的頭一年會面臨一個關卡　見 Erik H. Erikson, *Childhood and Society* (New York: Norton, 1963)。除了本文中列出的情緒慰藉，艾瑞克森也加上了一些身體上的慰藉。

頁133 看看會不會改變人類信任他人的意願　見 Michael Kosfield, Markus Heinrichs, Paul Zak, Urs Fischbacher, and Ernst Fehr, "Oxytocin Increases Trust in Humans," *Nature* 435 (2005): 673–76。現在時機還太早，不能斷定艾瑞克森所言的兒時危機是否影響我們製造這種荷爾蒙的能力。

頁133 讓受試者來玩一個信任遊戲　世界各地有許多實驗室也曾玩過類似的信任遊戲，使大多的賽局理論家都相信，人常常其實不是純粹自私自利，而會有一些利他、分享、關懷的作為。

頁134「信任」絕對沒辦法裝在瓶子裡帶著走　但信任可以裝在口袋裡。澳洲科學及工業研究機構的科學家錫克（John Zic）及他的團隊，開發出一種「真正的延伸裝置」，可以裝在隨身碟或是手機裡，再插到他人的電腦上，就可以確保到處都能完成安全線上交易，連網咖也不例外。裝置會在不受信

任的電腦上建起自己的環境，並與遠端企業伺服器建立連線和信任關係。其中兩端都必須向對方證明自己的身分，也證明運算環境符合預期。雙方向對方證明自己可信後，裝置就會開始存取遠端伺服器，開始處理交易。

頁134 信任是從兩種平行機制中生成的　以諾貝爾獎得主史密斯（Vernon L. Smith）為例，他的得獎演說就強調兩個「同時共存的理性秩序。」他透過他的「實驗經濟學」（experimental economics），說明在經濟議題上我們傾向二元思考，而結果也顯示，賽局理論或古典經濟學所稱、自我尋求且自我中心的「經濟人」，其實只是個迷思；其實「公平」這件事做為動機的影響力，比許多人所認為的要大得多（參見 *Papers in Experimental Economics* [Cambridge: Cambridge University Press, 1991] 和 *Bargaining and Market Behavior: Essays in Experimental Economics* [Cambridge: Cambridge University Press, 2001]。

史密斯患有亞斯伯格症候群（Asperger's syndrome），不容易判讀一些我們視為理所當然的非語言線索。這點看起來對於想研究非理性人類互動的人而言，似乎是個嚴重的問題。但是他說這反而有利無害；在最近的一場訪談裡，他表示：「我可以把自己切換成專心模式，和世界完全隔絕。我寫作的時候就像其他人完全不存在一樣。」「可能更重要的是，我總是能『跳出框架』，不會有任何社會壓力能逼我照著別人的方式來做事。」（ "Mild Autism Has 'Selective Advantages': Asperger Syndrome Can Improve Concentration," interview by Sue Herera, CNBC, February 25, 2005, www.msnbc.

msn.com/id/7030731／）。

頁134「馬基維利式」智能　廣受爭議的馬基維利智能假說（也稱為「社會化大腦假說」[social brain hypothesis]）主張：

> 從社會上的競爭互動中，找出對人類演化具選擇力的力量。人類在過去的某個時點，一躍成為生態優勢物種，而這些力量會再發展出更有效達到社會成功的策略（包括欺騙、操縱、結盟、利用他人專長等等），並學習使用這些策略。社會成功再轉化為生育上的成功，選擇出更大、更複雜的大腦。只要有了發明、學習及使用這些策略的工具（也就是複雜的大腦），就能用來達到許多其他目的，包括解決在環境、生態、科技、語言及其他方面的挑戰（Sergey Gavrilets and Aaron Vose, "The Dynamics of Machiavellian Intelligence," *Proceedings of the National Academy of Science* (U.S.) 103 [2006]: 16,823–28）。

頁134 究竟是導因於自私機制還是社會機制，至今仍然眾說紛紜　根據Robin Dunbar和Susanne Shultz的看法，「激發這種演化發展的重要因素，可能是對於更親密的伴侶關係的需求」("Evolution in the Social Brain," *Science* 317 [2007]: 1344–47)。

頁134「最好是贏得人民的信心，而不是依賴『力量』」　見W. K. Marriott, translator's preface to Nicolo Machiavelli, *The Prince*, Project Gutenberg, www.gutenberg.org/etext/1232。馬基維利自己的話是「君王必須使人民友善，否則他在逆境中便不安全」，這點在他的文章中不斷重複，而且在他過去的著作《李維羅馬史疏義》（*The Discourses on the First Ten Books of Titus Livius*）中也早已提及，該書中提到，面對公眾的敵意，最好的解決方式就是「試著確保人民的好意」（www.gutenberg.

org/etext/10827）。這項三百五十年前提出的忠告，或許對某些現代領導人而言也值得留心。

歷史學家迪亞茲（Mary Dietz）認為，《君王論》（*The Prince*）其實是一個「政治行為」、「欺騙行為」、一種「撒謊不實的建議」，目的是要在義大利佛羅倫斯重建共和國，方法則是欺騙「好騙又自負的君王」羅倫佐‧梅迪奇（Lorenzo de Medici），讓他採用某些政策、反而「危及自己的權勢而帶來滅亡」。關於此論點和反對意見，請參見John Langton and Mary G. Deitz, "Machiavelli's Paradox: Trapping or Teaching the Prince," *American Political Science Review* 81 (1987): 1277–88。

頁135 演化偏好的策略，往往是那些讓風險最小的策略　可參見 Michihiro Kandori, George Mailath, and Rafael Rob, "Learning, Mutation and Long Run Equilibria in Games," Econometrica 61 (1993): 29–56。

頁135 如果信任用錯地方，還可能造成絕種　以度度鳥（dodo）為例，因為牠不怕人，就十分容易遭到獵捕。而且牠也不敵像貓或野鼠之類的掠食者，棲地受破壞也影響甚大。最後一隻度度鳥可能死於約1690年（D. L. Roberts and A. R. Solow, "When Did the Dodo Become Extinct?" *Nature* 426 [2003]: 245）。

根據某些報告，度度鳥吃起來還真是並不美味。

頁136 「不信任」會是長遠的主流　斯卡姆有以下描述：「如果突變並非常態，而突變的可能是各個個體獨立，那麼從合作均衡到非合作均衡的突變可能性，會遠大於相反的方向。因

此，族群大多時候都不會合作。」(Brian Skyrms, Presidential Address to the Pacific Division of the American Philosophical Association, March 2001, www.lps.uci.edu/home/fac-staff/faculty/skyrms/StagHunt.pdf)

他表示:「有人會說，或許我們已經演化成喜好合作的物種了——天性就已經內建合作機制，也傾向於信任，只是還剛剛開始，並不穩定。但同樣的問題就出現在更高層次的演化層面。面對報酬導向和風險導向有所衝突的情形，我們能不能肯定演化的動力會走向報酬導向？由目前發展的賽局理論看來，答案是否定的。長期看來，還是預期會看到風險導向的均衡」("Trust, Risk and the Social Contract," *Synthese* 160 [2008]: 21–25)。

頁136 演化穩定策略　這個詞從字面上來看便不可言喻，出自 J. Maynard Smith and G. R. Price in "The Logic of Animal Conflicts," *Nature* 246 (1973): 15–18.

頁136 請一位知名節目主持人錄了兩段節目　參見Richard Wiseman, *Quirkology: The Curious Science of Everyday Lives* (New York: Basic Books, 2007)。只聽聲音而沒看影像的人，共有四分之三答對，成績比看影像的人好得多。所以，影像可能比聲音更會騙人。

頁138 最早的騙局　英文的confidence man（大騙子）一詞，是在 1849年由《紐約通訊報》(*New York Herald*) 所創，拿來描述威廉‧湯普森的騙局 (Johannes Dietrich Bergmann, "The Original Confidence Man," *American Quarterly* 21 (1969): 560–

77）。

很多電影都拍過與騙局相關的主題，最為人所知的大概是「刺激」（*The Sting*，又譯「騙中騙」、「老千計狀元材」），但馬密（David Mamet）在1987年初執導的電影「遊戲屋」（*House of Games*）可說是巔峰之作，設計了三重的騙局，片中還有一句名言：「傻子才會去賭人性」。

頁138 *可信的承諾*　除了信念之外，和事實也很有關係。我有一次到英國劍橋某學院參訪，就聽說了恰可做為例子的事件：那是在維多利亞時代，學院院長和校牧在餐後有一場談天式的論辯，討論神職人員和法官的權力誰比較大。校牧認為神職人員權力大，原因在於法官只能說「你要被吊死」，而神職人員能說「你會下地獄」。「這樣啊，」並非信徒的院長說了，「可是法官說『你要被吊死』的時候，你可是真的會被吊死的喔。」

對於非信徒而言，只有吊死這項威脅才是可信的，而對某些信徒而言，兩者同樣可信。其中的權力關係，可以反映在巴斯卡（Blaise Pascal）從實際角度出發、相信的確有神的理由，而裡面還略帶幾分嘲諷色彩。簡單來說，如果你信神、神也存在，「上天堂」這項報酬可說是無價；而且如果神其實不存在，你的損失也沒有多少。然而，如果你不信神，但神又偏偏存在，而且一定得信神才能上天堂，這下損失就大了。因此，不管神存不存在，最好的賭注就是賭祂存在。這個論點用賽局理論來說，你的策略是信或不信二選一，決策及獎勵構成的矩陣如下：

	神存在	神不存在	信仰策略的總所得
相信	∞	相信的成本	∞
不相信	－∞	省下相信的成本	－∞

巴斯卡談到的這個賭注，不只是哲學上的爭議點，更是世上許多基督徒合理化或更堅定其信念的理由，也可用來說服他人加入信仰行列，因為不信的損失實在太大。但有意思的是，同樣的道理放到其他許多宗教，也都說得通，這下就叫人不知該選哪個、甚至是該不該選。

頁139 賽局理論家提出兩種方法，讓你的承諾看來十分可信　關於這些方法的摘要，以及許多商業界的絕佳範例，請參見 Avinash Dixit and Barry Nalebuff, *Thinking Strategically: The Competitive Edge in Business, Politics, and Everyday Life* (New York: Norton, 1991), 144–61。我也必須十分感謝澳大利亞管理研究所的馬可斯教授，和他討論讓我獲益良多，更別說他還慷慨借我他在這個主題的講課筆記。

頁139 舞台劇演員如果沒有每場演出都到場，以後可能就再也接不到戲　這正是英國演員弗萊（Stephen Fry）的遭遇，他曾捅出一個著名的摟子：在1995年的一晚，沒能趕上在倫敦西區的音樂劇《牢友》（*Cell Mates*）演出。原因是他當時患有躁鬱症，忽然造成嚴重沮喪及自殺傾向。弗萊曾在兩集的電視節目中公開談了他的病情，參見 *Stephen Fry: The Secret Life of a Manic-Depressive*，首播是2006年9月於BBC二台播出。

頁142「將我們帶到了核戰深淵的邊緣」　見 Adlai Srevenson, speech. Reported in *New York Times*, February 26, 1956。

頁143 破釜沉舟　最極端的表現就是原始的真菌和藻類，會拋棄自己的個體性，形成結合起來的有機體，稱為「地衣」（由藻類吸收陽光轉為能量，而真菌則從環境中取得化學養分）。原始的真菌和藻類現在早已絕跡，但地衣存活了下來。某些細菌在細胞演化早期也有相同做法，以其他活體細胞為家，而細菌就供給細胞能量。這些細菌最後就喪失了獨自存活的能力，成為現在我們體內的粒線體。

以上並不是說這些物種都採取破釜沉舟的手法、有意識的限制了自己的選擇，而是演化的壓力所造成。唯一能夠自願限制選擇的物種就是智人（*Homo sapiens*），而且我們得盡快學習如何更有效率的做到這點，否則可能就會輪到自然界來執行這件事了。

頁143「精緻感官喜劇」　語出 Gunnar Bjomstrand (www.lovefilm.com)。

頁145 慷慨常常算是利他行為的一種　見 Paul Zak, Angela Stanton, and Sheila Ahmadi, "Oxytocin Increases Generosity in Humans," *PLoS ONE* 11 (2007), e1,128。

PLoS ONE 是一份開放存取的網路期刊，願意在此發表的作者可說都展現了利他和慷慨的心胸。

頁145 蘇格蘭歌手勞德　（後來受封勞德爵士）所寫的歌曲包括「Roamin' in the Gloamin'」和「I Love a Lassie」。他曾造訪美國二十二次，而且其實不像他表現出的那麼刻薄。一次大戰期間，他曾帶頭為戰爭受難者舉辦慈善募款活動，並自願到法國在敵軍砲火下勞軍。

頁145 這種感覺可能也像是信任，與腦中催產素的濃度有關　見 Paul

Zak, Angela Stanton, and Sheila Ahmadi, "Oxytocin Increases Generosity in Humans," *PLoS ONE* 11 (2007), e1,128。

頁145 在慈善活動中有所付出，會使腦中的相關區域變得活躍　見 J. Moll, F. Krueger, R. Zahn, M. Pardini, R. de Oliveira-Souza, and J. Grafman, "Human Fronto-Mesolimbic Networks Guide Decisions about Charitable Donation," *Proceedings of the National Academy of Sciences (U.S.)* 103 (2006): 15623–28; D. Tankersley, C. J. Stowe, and S. A. Huettel, "Altruism Is Associated with an Increased Neural Response to Agency," *Nature Neuroscience* 10 (2007): 150–51; W. T. Harbaugh, U. Mayr, and D. R. Burghart, "Neural Responses to Taxation and Voluntary Giving Reveal Motives for Charitable Donations," *Science* 316 (2007): 1622–25。根據Harbaugh、Mayr和Burghart的說法，

> 公民社會的運作有賴於民眾付稅，以及善心捐獻以提供公共財。善心捐獻的可能動機之一稱為「純粹的利他行為」，不論來源或意圖，只要對公眾整體是好事，就能夠滿足這種動機。另一個可能的動機是「溫暖的光輝」，得要透過個人主動捐獻才能滿足。我們發現，與純粹利他行為一致的部分在於，就算是強制，像付稅一樣將錢轉至慈善團體，也能在獎勵處理相關領域帶出一些中立的活動；而與溫暖光輝一致的部分在於，如果民眾能自願施予，中立的回應就會再進一步增加。不論動機是純粹利他行為或是溫暖光輝，似乎都能帶來有利的結果，有益於公眾整體。

然而，溫暖光輝效應也有其限制。在美國喬治亞州的亞特蘭大，詢問當地民眾是否願意捐款清除當地水域的油汙染、拯救遷徙的水鳥。當時先向第一個團體表示，他們的

捐款可以拯救2000隻水鳥，向第二個團體則說他們的捐款可以拯救2萬隻，到了第三個團體，數字達到20萬隻，然而到最後，這些團體捐款的意願竟然都是一樣的！（見 Peter Diamond and Jerry A. Hausman, "On Contingent Valuation Measurement of Non-Use Values," in *Contingent Valuation: A Critical Assessment*, edited by Jerry A. Hausman [Amsterdam: Elsevier, 1993], 24。）

頁145 慈善團體好好善加利用了一番　在英國，有一支世界展望會的廣告文案就是：「每天只要16英鎊，就能資助一個孩子，而且您心中的感受回饋更是無價」。這還真的有用，太太和我現在都加入資助兒童的行列，而且得到的感受回饋確實是無價之寶。

頁146 他其實只是拿奇異筆把白鼠塗黑　這裡講的是臭名遠播的桑默林（Summerlin）造假事件（見 Joseph Hixson, The Patchwork Mouse [London: Archer Press, 1976]）。

另一件科學造假事件，是一位資深古生物學者聲稱在不可能的地點發現了化石。雖然這不利於個人、也大大影響他人的未來生涯，但當時我所跟隨的教授（也是研究這項課題的）還是發表了一篇文章，斷言那位古生物學者的聲明必為偽造。（最後發現，那位學者的化石根本就是從店裡買的。）以賽局理論的話來說，我的教授揭露這件事情所感受到的個人壓力，遠遠不及若不予揭露、而使得該領域的真理及誠信受到打擊、所造成的感受。

這裡說的造假科學家是古塔（V. J. Gupta）。泰倫特（John Talent）揭露了古塔的惡劣行徑（見 J. A. Talent, "The Case of the Peripatetic Fossils," *Nature* 338 (1989): 613–15）。泰倫特後來又再詳盡敘述了事件的始末，請見 "Chaos with Conodonts and other Fossil Biota: V. J. Gupta's Career in Academic Fraud: Bibliographies and a Short Biography," *Courier Forschungsinstitut Senckenberg* 182 (1995): 523–51。

頁146「基於禮尚往來而形成的道德義務網路」見Francis Fukuyama, *Trust* (New York: The Free Press, 1995), 205。

頁147 夥伴關係（mateship）見Macquarie Dictionary (Melbourne: Palgrave Macmillan, 2006)。夥伴關係可能起源於澳洲的囚犯，明顯與對權威人士的憎惡有關。我們家裡常講一則故事，說這就是為何祖父母總能和孫子女處得這麼好：因為他們有共同的敵人。

頁147《獨自打保齡球》普南認為，美國社群的個人參與度在過去四十年巨幅下滑。「我們現在是自己打保齡球，而不是結成聯盟。我們的投票率下滑，參加的社團變少，就算參加，出席率也變差；我們參加公會和專業組織的比率也降低；我們花在社交上的錢變少；我們捐給慈善團體的錢也縮水（就所得比例而言）；我們比以前不信任鄰居；我們當律師的人變多了（見Robert Putnam, *Bowling Alone: The Collapse and Revival of American Community* [New York: Simon & Schuster, 2000]）。

普南在他的2007年斯凱特政治學獎（Johan Skytte Prize）得獎致詞中，概略提出他對2000年美國《社區社會資本基準調查》的分析，請見 "E Pluribus Unum: Diversity and

Community in the Twenty-first Century," *Scandinavian Political Studies* 30 (2007): 137–174。

頁148 他們認為自己是同一村的人　歸屬於某團體的各種優點，社會學家統稱為「社會資本」（social capital），其中一項就是信任。索貝爾（Joel Sobel）廣泛分析了社會資本這項概念的效力，發表於期刊上："Can We Trust Social Capital?" *Journal of Economic Literature* 40 (2002): 139–54。

頁149 重大衝突的主要原因，常常正是種族、文化、宗教上的差異　你可以找出許多歷史上和當代的例子。當代最不幸的例子發生在非洲，種族問題造成多場內戰。非洲在十九世紀遭西方強權瓜分為許多「國家」，而國界卻正切在傳統部落範圍的中間，混亂的界線造成不同部落間的不信任，引發種族滅絕等級的戰爭，戰場遍布盧安達、蘇丹、肯亞、查德及許多其他地區。

頁149 各大思想家都認為，唯一的辦法就是成立世界政府　例如羅素的 *Has Man a Future?* (London: Penguin, 1961)。世界政府歷史的摘要，可參見en.wikipedia.org/wiki/World_government。

頁149 聯合國憲章　見www.un.org/aboutun/charter。

頁150 儀式　動物就有許多儀式，像是展現某些身體部位，或是表現某些行為，而且因為動物腦部的機制讓牠們不會違背承諾，因此這些儀式都十分可信。
人類的儀式就不同了。有些科學家甚至認為，我們根本不該用「儀式」這個詞，而只能稱為「慣習」（habituation）。差別在於人類是有選擇的，不管儀式有多深的情感、心理

或生理根源，人腦的機制都還是能選擇是否要遵守。可參見 "A Theoretical Framework for Studying Ritual and Myth," (Emory Center for Myth and Ritual in American Life (http://www.marial.emory.edu/ research/theoretical.html)。

頁150「一種很少人知道的釣魚儀式」 見David Attenborough, *Life on Air: Memoirs of a Broadcaster* (Princeton: Princeton University Press, 2002), 133。

頁150 弗雷澤（James George Frazer） 最為人所知的是他的著作《金枝》（*The Golden Bough*），內容包羅萬象，從神話學到宗教，做了廣泛的比較研究，而且書中將基督教「上帝的羔羊」意象呈現為異教徒的遺緒，在1890年出版時讓讀者大為震驚。該書出到第三版時，弗雷澤可能受迫得修改一些他的詮釋，其中之一就是將分析釘十字架的章節移到了附錄，足堪玩味。
書名「金枝」出自於希臘神話，而維吉爾（Virgil）的史詩《埃涅阿斯記》（*Aeneid*）也有描述；史詩中，埃涅阿斯和女巫一起要去見冥王，途中將金枝交給守門者，才能通過。

頁150 維根斯坦就認為弗雷澤忽略了儀式中表現和象徵性的面向 關於兩人意見的歧異，布弗萊斯（Jacques Bouveresse）做了摘要及討論，參見 "Wittgenstein's Critique of Frazer," *Ratio* 20 (2007): 357–76。根據布弗萊斯的看法，維根斯坦也認為「像是火祭的種種傳統（火祭當初可能還曾牽涉到以人獻祭），就算到現代也仍能激發出激昂的情緒，而想從歷史或是史前時代找出其起因根源加以解釋，就是一種謬誤」。

頁151 儀式性握個手，就代表具有約束力的合約已經成立　特別是在蘇格蘭買賣房子的時候，可參見www.georgesons.co.uk/offer. html。

頁151 人際關係諮商師常常強調「信任」在親密關係中的重要性　可參見Richard Nelson-Jones, *Human Relationship Skills*, 2nd edition (Holt, Reinhart & Winston, 1991), 141–42。

頁152「展現信賴的起頭效力」　見Philip Pettit, "The Cunning of Trust," *Philosophy and Public Affairs* 24, no. 3 (summer, 1995): 208。

頁152「信任機制」　見Daniel M. Hausman, *Trust in Game Theory*, unpublished paper, 1997, philosophy.wisc.edu/hausman/papers/ trust.htm。

頁152《讀者文摘》曾經做過實驗　見澳洲版*Reader's Digest,* August 2007, 36–43。

頁154「信任在人際間具體成形」　見Philip Pettit, "The Cunning of Trust," *Philosophy and Public Affairs* 24, no. 3 (summer, 1995): 202。

頁154 個人中心治療取向　這種取向要給客戶「無條件的積極感受」，而且也已廣獲許多專業諮商師採用。先驅者即為羅傑斯（Carl Rogers），首見於開創性的著作Client-Centered Therapy: Its Current Practice, Implications, and Theory (Boston: Houghton Mifflin, 1951)。進一步細節請參見www.carlrogers. info。

頁155「漂書」　見www.BookCrossing.com。

第7章

頁157「推己及人夫人」以及「以牙還牙夫人」 朱利安・赫胥黎（Julian Huxley，著名動物學家和聯合國教科文組織的創辦人）才五歲的時候，讀到《水孩兒》的故事，就問了他的祖父（也就是鼎鼎大名、寫作《天演論》的湯瑪士・赫胥黎，外號是「達爾文的戰犬」），有沒有看過真正的水孩兒。老赫胥黎的答案可說是經典，在這封成人寫給小孩的信裡，沒有半點看輕或敷衍的意味：

> 我親愛的朱利安，
> 我一直沒能確定水孩兒是否存在。我看過在水裡的小孩、或是在瓶子裡的小孩，但沒看過瓶子裡的小孩在水裡，也沒看過水裡的小孩在瓶子裡。我那位寫作《水孩兒》的朋友是個仁慈又聰明的人，或許他以為，我能從水裡看到的，也像他一樣多。雖然看的是一樣的東西，但有人就能看到相當多，而有人就只能看到非常少。
> 等到你長大的時候，我敢說你一定是那些可以看出很多東西的人，能從別人看不出什麼的地方，看到比水孩兒更美好的事物。（Julian Huxley, *Memories* [London: Allen & Unwin, 1970], 24–25）

頁157「不斷往來」會是關鍵 這裡的假設是互動的結束點未定，也就是無法預測何時結束。如果有個肯定、可預測的結束點，至少在理論上就無法擺脫囚犯困境和其他社會困境。原因在於，如果有肯定的結束點，我們就會運用「往前思考、往回推論」的方法，理性判斷應該在賽局結束前的最後一步推翻合作，以取得利益，但考量到對方也會這麼想，該推翻合作的那一步也就不斷往回推。基於往回推論

的理由，只要我們一知道賽局有個確定的結束點，整個賽局也就毀了。

頁158「推己及人」和「以牙還牙」是兩種完全不同的與人互動方式 兩者間的差別，其實也如同前面所提、關於神職人員和法官相對權力的問題（見頁244）。「以牙還牙」是立刻、必然的報復，類似於法官；而「推己及人」提出的則是遙遠、可能的好處和懲罰，就看你信不信神職人員的說法。

頁158 互惠的做法 寫到這一章的時候，正好從「費爾醫生」（Dr. Phil）這個節目裡看到一個很好的例子。費爾醫生談到大量殺人的凶手，說到其共通點在於都覺得遭到孤立。他若有所思的說：「如果某個人在某個時候說：『嘿，來跟我們坐吧。』不知道究竟會發生什麼事？」

頁158 互惠的做法……得到世上各大宗教贊同 參見 tralvex.com/pub/spiritual/index.htm#GR，其中列出了各種宗教文獻中關於互惠原則的說法，根據該網站資料編輯者的敘述，其中的宗教思想包括了古埃及、巴哈伊教（Baha'i）、佛教、基督宗教、儒家、印度教、人文主義、美洲原住民靈性傳統、伊斯蘭教、耆那教（Jainism）、猶太教、神道教、錫克教、蘇菲神祕主義、道教、神體一位論、威卡教（Wicca）、約魯巴教（Yoruba），以及瑣羅亞斯德教（Zoroastrianism）。

頁158 耶穌在〈登山寶訓〉裡說 聖經記載，耶穌在兩篇不同的寶訓中傳達了同樣的訊息（所謂的兩篇也可能是同一篇，而且可能就是兩名不同作者將耶穌的教訓作摘要而已）。馬太描述的是〈登山寶訓〉（馬太福音 5–7 章），耶穌說：「所以無

論何事、你們願意人怎樣待你們、你們也要怎樣待人,因為這就是律法和先知的道理。」(馬太福音7:12)。而路加描述的是〈平原寶訓〉(路加福音6:20–49),耶穌說:「你們願意人怎樣待你們,你們也要怎樣待人。」(路加福音6:31)

頁158 先知穆罕默德……告誡信眾:「己勿傷人、人不傷己」 出自於他的最後一篇佈道,曾在許多伊斯蘭學者的敘事(hadiths,口傳的傳統)中提及,例如伊本罕百勒(Hanbal ibn Ahmad)這位伊瑪目(Imam,政教合一的首領)的敘事集Masnud,敘事19774。這篇佈道的文本有幾個不同版本,網路上很容易取得,例如 "The Last Sermon of the Prophet Muhammad," paragraph 2, www.cyberistan.org/islamic/sermon.html。

頁159 達賴喇嘛則換了一種說法 引述自 Mabel Chew, Ruth M Armstrong and Martin B. Van Der Weyden, "Can Compassion Survive the 21st Century?" *Medical Journal of Australia* 179 (2003): 569–70。

頁159 互惠原則是許多人奉行的道德法則 例如世界宗教議會(Parliament of the World's Religions)就提出,要將互惠原則做為世界和平及合作的基礎。該議會持續努力,以建立全球性的宗教信仰對話。議會首屆會議於1893年在芝加哥召開,中間停頓一百年後,以同樣名稱在芝加哥再度召開,之後1999年在南非開普敦、2004年在西班牙巴塞隆納。數據顯示,議會努力想促進世界和平,但似乎成效不彰。下

一次召開會議是2009年在澳洲墨爾本。

頁159 畢達哥拉斯　引述自Sextus Empiricus, *Adversus Mathematicos*, translated by D. L. Blank (New York: Oxford University Press, 1998)。

頁159 定言令式　康德在1875年的著作《道德基礎》（*Foundations of the Metaphysics of Morals*）提出這項概念（Lewis White Beck英譯；New Jersey: Prentice Hall [1989]），之後終其一生都在擴展這項概念。

頁159「以牙還牙」是基於恐懼　這也是尼采而非康德的策略。例如尼采就說：「如果從內部看世界……就會是『對權力的意願』，再無其他。」（*Beyond Good and Evil*, translated by Walter Kaufmann [New York: Vintage, 1979, section 36]）也常有人引用他說的「若受苦，必然有人要付出代價；每個抱怨都已包含報復成分」，以及「對付敵人最好的武器，就是另一個敵人」，只是這些引言其實都沒有出處。

頁160 美洲棕頭牛鸝……就用上了「以牙還牙」這一套　見Jeffrey P. Hoover and Scott K. Robinson, "Retaliatory Mafia Behavior by a Parasitic Cowbird Favors Host Acceptance of Parasitic Eggs," *Proceedings of the National Academy of Sciences (U.S.)* 104 (2007): 4479–83。這裡所說的「其他鳥類」，其實是野生藍翅黃森鶯（prothonotary warbler），謹供參考。

頁160 田鼠則採用「推己及人夫人」的策略　見Claudia Rutte and Michael Taborsky, "Generalized Reciprocity in Rats," *PLoS Biology* 5 (2007): e196, doi:10.1371/journal.pbi0.0050196。這項研究裡的田鼠全部為雌鼠，這點不確定是否有影響。

頁160 互惠利他　這個詞的英文reciprocal altruism是哈佛大學生物學家崔弗斯（Robert Trivers）在一篇評論中所創，參見 "The Evolution of Reciprocal Altruism" (*Quarterly Review of Biology* 36: 35–57)。針對互惠利他主義（也就是付出和接受兩者的角色不斷互換、為彼此帶來利益的互動），崔弗斯列出三項必要的前提：

> 1. 付出者只要付出一點成本，接受者就能得到很大的利益。
> 2. 有一直重複的機會，能形成合作的互動關係。
> 3. 能夠判別出不合作的作弊者。

頁160 吸血蝙蝠會餵食其他當晚沒吃飽的同類　見G. S. Wilkinson, "Reciprocal Food Sharing in the Vampire Bat," *Nature* 308 (1984): 181–84。

頁160 黑猩猩會和素不相識的同類分享食物　見Kevin E. Langergraber, John C. Mitani, and Linda Vigilant, "The Limited Impact of Kinship on Cooperation in Wild Chimpanzees," *Proceedings of the National Academy of Sciences (U.S.)* 104 (2007): 7786–90。

頁160 也會像人類的小孩一樣，主動來幫忙　見Felix Warneken, Brian Hare, Alicia P. Melis, Daniel Hanus, and Michael Tomasello, "Spontaneous Altruism by Chimpanzees and Young Children," *PLoS Biology* 5 (2007): e184。研究也發現，還在學走路的小孩也會表現出同樣的利他舉動！

頁162 「永遠要原諒你的敵人」　常有人說是王爾德（Oscar Wilde）所言，但找不到文獻根據。

頁162 失落的一代　電影「孩子要回家」描述的是其中特別令人鼻酸的例子，三個被強行送進孤兒院的原住民小女孩冒險逃

出，踏上橫跨整個澳洲大陸的返家旅程。

頁162 現任政府向受影響的個人及家庭無條件致歉　2008年2月14
日，澳洲總理陸克文（Kevin Rudd）在原住民領導人見證
下，提出這項歷史性的道歉。全文請參見www.h17.com.au/
Sorry.htm。

頁162 好撒瑪利亞人悖論　經濟學家鮑爾斯（Samuel Bowles）提
出一個有意思的個案，認為我們培養出利他的能力，可能
是因為這能增強我們作戰的能力！在 "Group Competition,
Reproductive Leveling, and the Evolution of Human Altrusim"
(*Science* 314 (2006): 1569–72) 一文中，鮑爾斯以數學模型來佐
證其論點：團體遇上衝突時，利他主義能減少團體因衝突
而付出的成本。看起來，我在第6章所談的夥伴關係，以及
讓澳洲軍人得以度過兩次世界大戰的互助合作，都是一種
演化穩定策略。不知道以前的澳洲曠野詩人會如何吟詠這
種精神？

頁164「想讓希臘人卸下武裝，只要一個擁抱就成」　見Lawrence
Durrell, *Bitter Lemons* (London: Faber and Faber, 1957), 79。

頁165「囚犯困境」的電腦對抗賽　對抗賽中的獎勵方式是採計點
制：雙方合作得3點，雙方背叛得1點，如果一方合作、一
方背叛，背叛得5點、合作得0點。規則細節請參見Robert
Axelrod, *The Evolution of Cooperation* (New York: Basic Books,
1984)，而細節分析可參見他最早的兩篇文章，"Effective
Choice in the Prisoner's Dilemma," *Journal of Conflict Resolution*

24 (1980): 3–25和"More Effective Choice on the Prisoner's Dilemma," *Journal of Conflict Resolution* 24 (1980): 379–403)。艾克索羅德還有幾篇具開創性的文章，應用這些結果去解釋自然界中合作演化的問題，最著名的是 "The Evolution of Cooperation," *Science* 211 (1981): 1390–96（與William Hamilton 合著）。

演化生物學家道金斯為《合作的演化》第二版寫了序言，寫道：「如果世界上每個人都好好研究並了解這本書，這個星球就會更美好。」「我們應該先把世界上的領導人都關起來，讀完這本書才准放出來。」還說這本書的價值「足以代替基甸聖經」（Gideon Bible，世界各地放在旅館裡的聖經版本）。道金斯大概是誇張了些，但這裡的重點十分明確，我的確也想看到各地的旅館裡房間裡都能放一本《合作的演化》，最好再加上其他幾本從不同觀點切入世界如何運作的書籍。我個人所列的入門書單會是：羅素的《懷疑論集》（*Sceptical Essays*）、布羅諾斯基（Jacob Bronowski）的《文明的躍升》（*The Ascent of Man*）、艾登堡（David Attenborough）的《地球生態史》（*The Living Planet*），以及賽門・辛（Simon Singh）的《費瑪最後定理》。

頁166「不要心存嫉妒」　見Robert Axelrod, Evolution of *Cooperation* (New York: Basic Books, 1984), 110。

頁167 只有最強壯的占據王者地位　許多人都以為這就是「適者生存」，但達爾文所講的意思其實並不相同。* 他的「適者生

存」講的其實就是「自然擇汰」（natural selection，天擇），
也就是：某個物種中最能適應所屬環境和情境的成員，便
能存活繁衍，而不一定是「自然，張著血紅的牙齒和利
爪」（這句正出自英國詩人丁尼生的詩集《緬懷》＊＊）。
達爾文真正想講的是，在任何情形下，物種中最能適應所
屬環境狀態的，就有最高機率能活得夠久、將能夠存活的
特徵傳給後代。如果達爾文見到自己的學說在現代的應
用，想必會驚訝不已，竟然被拿來解釋人類的情形，特別
是解釋成某些人能統治和欺壓他人，成為優生學和種族淨
化的理由，還發展出「社會達爾文主義」以及鐵石心腸的
放任資本主義。關於這些主題的文獻及論爭汗牛充棟，就
算拿傳說中的諾亞方舟來載，恐怕也給壓沉了，而其中的
邏輯問題也已有多人提出周延的分析（例如John Wilkins,
"Evolution and Philosophy: Does Evolution Make Might Right?"
TalkOrigins Archive (1997), www.talkorigins.org/faqs/evolphil/
social.html）。

＊ 達爾文在1859年出版的《物種原始》裡面，用了這個詞。在第四章「自然擇汰：或適者
生存」裡面，達爾文寫著：「這種保留適當個體差異及變異、並毀去有害之差異及變異的
情形，我稱為『自然擇汰』，或是『適者生存』。」常有人說「適者生存」這個詞是英國
經濟學家史賓塞（Herbert Spencer）所創，首見於其《生物學原理》（1864, 1:444），但他
將這份榮耀歸給達爾文：「我在這裡想用物競天擇這個術語所表達的，就是達爾文先生所
講的」
＊＊ 完整段落出自丁尼生《緬懷》（*In Memoriam*）的第56章，講到人性：
　　Who trusted God was love indeed（人相信神的大愛）
　　And love Creation's final law（並鍾愛造物的最終法則）
　　Tho' Nature, red in tooth and claw（雖然自然，張著血紅的牙齒和利爪）
　　With ravine, shriek'd against his creed（攫取著獵物，向他的信條咆哮）

頁167 要成功合作，成員必須抱持利他且合作的態度　合作在演化
　　　上的重要性，是由俄國無政府主義者克魯波特金（Peter
　　　Kropotkin）首先有所體認，他在1902年的著作《互助：演
　　　化的因素》（*Mutual Aid: A Factor of Evolution*, www.gutenberg.
　　　org/etext/4341）提到，「社會性（sociability）就像互相對
　　　抗一樣，是自然的法則……互助也像互相對抗一樣，是自
　　　然的法則」。的確，許多實驗證明，動物大多會照顧自己的
　　　親屬，以保障基因傳承，但其實牠們並不知道自己在做什
　　　麼，而是（現在還存活的動物）基因裡都已經有了合作行
　　　為的編碼。
　　　克魯波特金寫作《互助：演化的因素》前，曾造訪西伯利
　　　亞東部和當時的滿州北部，顯然是希望能為社會主義，找
　　　到生物學上的佐證，但他對自然活動的觀察還是能夠公正
　　　不偏。他的研究基礎，來自1880年1月在俄國自然學家大
　　　會（Russian Congress of Naturalists）、由聖彼得堡動物學家
　　　凱斯勒（Karl Kessler）發表的、關於「互助法則」的演講。
　　　克魯波特金寫道：「凱斯勒的想法是，自然界的法則除了互
　　　相爭鬥，還有互助合作；要在生存的爭鬥中勝出，特別是
　　　讓物種向前演化，互助合作遠比互相競爭來得重要。」
　　　在那段旅程中，有兩個景象在克魯波特金腦中縈繞不去。
　　　他說：「其一，是大多數動物得對抗嚴酷的自然環境，情勢
　　　十分險峻；每隔一段時間，自然界的作用就會大規模摧毀
　　　生命；因此，在我觀察的那片廣袤土地上，幾乎看不到什
　　　麼生命。」而另外一項，則是「甚至在少數幾個有許多動
　　　物生命的地點，在那些同種的動物中，雖然我一心尋找，

卻未發現為了生存資源而激烈爭鬥的情形。但大多數達爾文學派的人（倒不一定是達爾文本人）都會認為，那是為生存而爭鬥的主要特徵，也是引發演化的主要因素」。相反的，克魯波特金找到無數例子，證明「互助合作因素對於演化的重要性」。

頁167 近親選擇　英國遺傳學家霍登（J. B. S. Haldane）接受記者提問時，曾用幽默的方式解說如何將近親選擇的概念應用在人類身上，他回答說：「我會不會為一個兄弟犧牲生命？不會。但如果是兩個兄弟，或是八個堂表兄弟，那倒是可以。」霍登這個人勇氣十足，他在癌症過世之前，還曾寫下一首詩，開頭是：「願我有荷馬的聲音／詠出直腸癌之歌（I wish I had the voice of Homer / to sing of rectal carcinoma）」（"Cancer Is a Funny Thing," *New Statesman*, February 21, 1964）。

頁167 分享一下他們對於「好撒瑪利亞人」寓言的想法　見 J. M. Darley and C. D. Batson, "From Jerusalem to Jericho: A Study of Situational and Dispositional Variables in Helping Behavior," *Journal of Personality and Social Psychology* 27 (1973): 100–108。

頁168「讓我教育一個孩子到七歲，我就能讓他成為堂堂正正的人」究竟是誰所說，並無定論，傳說包括羅耀拉（Ignatius of Loyola，耶穌會創立人）、聖方濟・沙勿略（Francis Xavier），或是西班牙耶穌會學者葛拉西安（Baltasar Gracian）。

頁169 社會規範又是從何而來？　「社會規範的存在，仍然是認知心

理學的一大未解難題……對於社會規範如何形成、由什麼
力量決定社會規範的內容，以及某物種建立和執行社會規
範有何認知及情感要求，我們仍然所知有限」（見 Ernst Fehr
and Urs Fischbacher, "Social Norms and Human Cooperation,"
Trends in Cognitive Sciences 8 (2004): 185–90）。

頁170 社會規範是「行為標準」　見 Ernst Fehr and Urs Fischbacher,
"Social Norms and Human Cooperation," Trends in *Cognitive
Sciences* 8 (2004): 189。由於害怕遭到社會上的不贊同，我們
大多會遵守社會規範。但太太和我就有這麼一位破格的朋
友，不管到哪總是穿著短褲，就算是正式場合也不例外。
這在某些國家可能沒什麼關係，但我們現在講的可是中產
階級英國啊。一方面，想到英國寒風颯颯的冬天，叫人不
禁欽佩他的勇氣；但另一方面，也沒太多人邀他參加正式
場合。

頁170 制裁形式可能只是被討厭，但也可能是社會排斥，甚至更糟
澳洲曾有一個特別令人髮指的例子。一位和當地社區關係
良好的警察，在他的自傳中透露，曾有一整個原住民部
落全數遭到謀殺，原因是一個族人強暴了白人婦女（M.
O'Sullivan, *Cameos of Crime*, 2nd edition [Brisbane: Jackson &
O'Sullivan, 1947]）。可悲的是，不論世上哪個國家，都不難
找出類似的例子。

頁171 在泰國，感染愛滋病的人……　見 Seth Mydans, "Thai AIDS
Sufferers Ostracized," *International Herald Tribune (Asia Pacific)*,
November 26, 2006。

頁171 在罷工糾察線上，就有人帶著隱藏式相機　見James F. Morton Jr., "The Waiters' Strike," *New York Times*, June 5, 1912, 10。

頁171 中國籍的男性拋棄了他的三歲女兒　見"Pumpkin's Fugitive Father Nai Yin Xue Captured in the U.S.," News.com.au, February 29, 2008, www.news.com.au/story/0,23599,23295626–2,00. html?from=public_rss。

頁172 為了看到背叛的人遭受懲罰　舉例而言，如果實驗是關於分錢，旁觀者為了不想看到作弊者得到獎勵，甚至願意拿出自己參加實驗的報酬，付出作弊者可能得到金錢的三倍金額（Jeffrey R. Stevens and Marc D. Hauser, "Why Be Nice? Psychological Constraints on the Evolution of Co-operation," *Trends in Cognitive Sciences* 8 (2004): 60–65））。

頁172 有條件的合作　見Ernst Fehr and Urs Fischbacher, "Social Norms and Human Cooperation," *Trends in Cognitive Sciences* 8 (2004): 186。

頁173 社會規範的崩潰　像是在孟買火車站，這個現象便達到最高峰，數千個通勤者常常在火車進站後冒著受傷或生命危險跑過鐵軌，而不願花時間或體力走天橋。

頁173 只有人類才具備特定心理因素　Jeffrey R. Stevens and Marc D. Hauser "Why Be Nice? Psychological Constraints on the Evolution of Co-operation," *Trends in Cognitive Sciences* 8 (2004): 60–65。我沒把握自己能隨時具備這些心理因素，特別是如果有巧克力和美酒，大概就沒有延遲享樂這回事了。

頁173 但丁所描述的地獄　像在《神曲》（*The Divine Comedy*）裡

面，地獄分為九層。你若有興趣，可以參加線上測驗：
www.4degreez.com/misc/dante-inferno-test.mv，看看各層有
什麼懲罰。

頁174「贏就守、輸就變」表現得甚至比「一報還一報」程式更好
見 Martin A. Nowak and Karl Sigmund, "A Strategy of Win-
Stay, Lose-Shift That Outperforms Tit-for-Tat in the Prisoner's
Dilemma Game," *Nature* 364 (1993): 56–58。

頁175「一報還一報」策略的各種變體　舉例來說，有「兩報還一報」
（比「一報還一報」差一點）、「一報還兩報」等等，這裡
我挑選的是和現實生活合作較相關的幾項。

頁177 地理位置接近，就能創造出一群合作者　這個領域的領導
人物，是我的一位老朋友兼老牌友：牛津大學梅依教授
（Robert M. May，現在已受封為爵士），以及諾瓦克教授
（Martin A. Nowak）（"Evolutionary Games and Spatial Chaos,"
Nature 359 [1992]: 826–29）。曾有人試著反駁他們的結論（見
Arijit Mukherji, Vijay Rajan, and James L. Slagle, "Robustness
of Cooperation," *Nature* 379 [1996]: 125–26），但他們提出了
有力的回應（見 Martin A. Nowak, Sebastian Bonhoeffer, and
Robert M. May, *Nature* 379 [1996]: 126）。

頁180 男人上完公共廁所究竟要不要洗手　根據一位醫學研究者的說
法，但他希望別人不要知道是他說的。

頁180「溫言在口，大棒在手」（speak softly and carry a big stick）
根據英文版維基百科，這句話改編自一句西非的諺語（en.
wikipedia.org/wiki/Big_Stick_Diplomacy）。老羅斯福講這句

話，是描述自己威脅哥倫比亞，如果不支持巴拿馬在1903年獨立，美國就會以武力干預。

頁180「合作演化的五大法則」 見 Martin A. Nowak, *Science* 314 (2006): 1560–63。如果我寫的其他注釋你都沒讀的話，至少讀讀這個吧！全文請參見 www.fed.cuhk.edu.hk/~lchang/material/Evolutionary/ Group%20behavior%20rules.pdf.

第8章

頁183 讓人意想不到的辦法是：引進一個比原先成員更不搭軋的參與者 兩位商業大師奈勒波夫（Barry Nalebuff）和布蘭登伯格（Adam Brandenburger），在合著的《競合》（*Co-opetition* [London: HarperCollins, 1996], 105–6，中文版《競合策略》由培生出版）提到，企業積極鼓勵競爭者、甚至付錢培養出競爭者，有時候可能是好事。他們以英特爾（Intel）為例，英特爾將自己原創的 8086 微處理器技術，開放授權給另外十二家公司，創造出晶片的競爭市場，讓買家不用擔心自己受到單一賣家宰制，於是願意相信英特爾的技術。

然而，這種做法也可能有負面效應，像是哈謝克（Jaroslav Hašek）的小說《好兵帥克》（*Good Soldier Švek*），情景設定在一次大戰期間，書中的主人翁就是太熱心合作、又死遵守命令的字面意思，於是讓德國大軍兵臨城下。

頁184《萬能管家計中計》（*Right Ho, Jeeves*） 本書初版於 1922 年，至今已有多種版本。這段引文是傑維斯在說服伯帝，在半夜把其他人鎖在夏屋門外，好讓伯帝成為眾矢之的、但最後

得以解決這些人之間的失和。

頁184 法德（Peter Fader）和豪塞（John Hauser） 兩位研究者的動
機不只在於經濟學，當時的世界強權對於核武顯示出合作
傾向，而研究者希望了解，如果有其他政體加入會有什麼
情形。

> 考量之一，是如果出現不合作的外部參與者（像是有個流氓
> 國家要發展自己的核武），會不會有利或有害強權合作……
> 想想外部參與者對石油輸出國家組織（OPEC）造成的重大
> 影響。這個組織的合作（共謀）曾有十年獲利甚豐，但接著
> 就大不如前，原因部分就在於像英國這種非OPEC國家的產
> 量提升。成員國開始較常作弊……另一個例子是美國的微電
> 子產業。國際競爭興起，打擊美國微電子業的影響力和經濟
> 力，於是微電子業共同成立〔一間〕企業，來攜手合作各種
> 基礎研究及應用研究，〔雖然〕成員有可能犧牲他們對其他美
> 國公司的競爭優勢（Peter S. Fader and John R. Hauser, "Implicit
> Coalitions in a Generalized Prisoner's Dilemma," *Journal of Conflict
> Resolution*, 32 [1988]: 553–82）。

換言之，有具體證據顯示，面對競爭衝突的場面，非合作
者有時也可能激發合作精神。研究者認為，「囚犯困境」是
很常見的情形，因此強調「帶入非合作者」對於困境結果
的影響。

頁185 最後的贏家是來自澳洲的馬可斯　馬可斯在我和他的私人通信
（2008年5月6日）中提到這一點，他說：「當然，一般而
言如果有超過兩個參與者，就很難只懲罰一個人（作弊者）
而不波及第三方（可能的合作者）。這可能是另一個原因，
使得超過兩人的賽局的合作可能性比較大。」

頁186 **我刻意拿得比該拿的份量多出許多** 你想必會很高興知道，
我已經事先和主人說好了（我可沒打算從此變成拒絕往來
戶！），而主人能得到的獎勵就是成為這個祕密的一份子，
和我一起進行實驗。（不知道這樣的效用值有多少？）

頁186 **其他賓客開始了他們暗中的合作關係** 可能這裡也有「謝林
點」，形式則是大家一起討厭那個太貪婪的人。

頁187 **蜈蚣賽局**（Centipede Game） 關於蜈蚣賽局和其意涵，請
見Roger A. McCain, *Game Theory: A Non-technical Introduction to
the Analysis of Strategy* (Mason, Ohio: Thomson/South-Western,
2004), 226–31。

頁188 **蜈蚣賽局無法反映現實生活** 政治學家莫頓（Rebecca B.
Morton）在她的文章中簡述了這個看法（"Why the Centipede
Game Experiment Is Important for Political Science," in *Positive
Changes in Political Science: The Legacy of Richard D. McKelvey's Most
Influential Writings*, edited by John H. Aldrich, James E. Alt,
and Arthur Lupia [Ann Arbor: University of Michigan Press,
2007]），但繼續闡述，認為像立法委員協商，常常也有蜈
蚣賽局的模式，也可以依同樣道理拆解步驟。而在多步驟
的生產過程（例如食品生產、分銷及販賣），也可能出現問
題（Roger A. McCain, *Game Theory: A Non-technical Introduction to
the Analysis of Strategy* [Mason, Ohio: Thomson/South-Western,
2004], 229）。如果製造商、物流商、量販者都在各自的階
段要分一杯羹，等食品到了市場，可能就沒剩什麼可以賣
了，而某些低度開發國家的糧食短缺史，正可佐證。如果

有可執行的契約做為約束，類似的情形發生率就會下降，因為各階段的參與者必須完成承諾，讓程序進到下一階段，否則就會反倒虧損。

頁189 量子賽局理論（quantum game theory） 量子賽局理論的根基出自以下兩位數學家的論文：梅爾（David Meyer, "Quantum Strategies," *Physical Review Letters* 82 [1999]: 1052–55）以及艾塞特（Jens Eisert, M. Wilkens, and M. Lewenstein, "Quantum Games and Quantum Strategies," *Physical Review Letters*, 83 (1999): 3077–80）。

頁189 量子電腦是未來的電腦 如需相關觀點，請見Deborah Corker, Paul Ellsmore, Firdaus Abdullah, and Ian Howlett, "Commercial Prospects for Quantum Information Processing," QIP IRC (Quantum Information Processing Interdisciplinary Research Collaboration), December 1, 2005, www.qipirc.org/uploads/file/ Commercial%20Prospects%20for%20QIP%20v1.pdf。

頁190 偽心電感應（pseudo-telepathy） 見Gilles Brassard，引述自 Mark Buchanan, "Mind Games," *New Scientist*, December 4, 2004, 32–35)。

頁191 愛波羅弔詭（Einstein-Podolsky-Rosen paradox） 見A. Einstein, B. Podolsky, and N. Rosen, "Can Quantum-Mechanical Description of Physical Reality Be Considered Complete?" *Physics Reviews* 47 (1935): 777。

頁192 量子纏結可以打破純粹策略之間的納許均衡 見J. Eisert and M. Wilkins, "Quantum Games," *Journal of Modern Optics* 47

(2000): 2,543–56，也請參見 S. C. Benjamin and P. M. Hayden, "Comment on 'Quantum Games and Quantum Strategies,'" *Physical Review Letters* 87 (2001): prola.aps.org/abstract/PRL/v87/i6/e069801。

第一篇論文從「古典」觀點來看量子賽局的發展計畫，但第二篇論文則指出其中有些結論有誤。舉例而言，他們用特定量子策略來解決雙人「囚犯困境」的計畫就未能成功（完全隨機的策略仍是最好的策略），只是如果在三人以上，就的確有可能發展出特定的「最佳」策略。

賽局理論家馬可斯（Bob Marks）和費特尼（Adrian Flitney）都曾和我提過，在像是「兩性戰爭」這種協調賽局（coordination game）裡，的確有可能出現納許均衡。費特尼表示，這「不會改變以下的基本概念：在雙人量子賽局理論裡，每個策略都會有反制策略」。

頁193 對量子位元的操控就像是一種「偽心電感應」……「能讓個人預先同意某項協議」 見 Tad Hogg，引述自 Mark Buchanan, "Mind Games," *New Scientist*, December 4, 2004, 32。

頁194 除了「獵鹿問題」之外，量子策略可以讓我們在大多數主要的社會困境中，提升合作機會 量子賽局理論能比傳統賽局理論好多少，要看纏結的程度而定，而不一定總是比較好。根據費特尼（Adrian Flitney）的計算，在膽小鬼賽局裡，量子策略要在纏結達到62%的情況下，才會比傳統策略好。但在「囚犯困境」中，只要46%，量子策略就能取得優勢。但「獵鹿問題」的應用就很讓人失望，量子策略沒能有什麼特別幫助（見 Adrian P. Flitney, Ph.D. thesis, University of

Adelaide, 2005, and A. P. Flitney and D. Abbott, "Advantage of a Quantum Player against a Classical One in 2x2 Quantum Games," *Proceedings of the Royal Society (London) A* 459 (2003): 2463–74）。

頁194 惠普實驗室的實驗　見K. Y. Chen, T. Hogg, and R. G. Beausoleil, "A Quantum Treatment of Public Goods Economics," *Quantum Information Processing* 1 (2003): 449。

頁195 科普作家布侃南是這麼描述的　見 "Mind Games," *New Scientist*, December 4, 2004, 35。

頁195「這種效應對於網路侵權下載的問題就十分有利」　見Navroz Patel, "Quantum Games: States of Play," *Nature* 445 (2007): 144–46。帕特爾也簡要概述了量子拍賣的原理。

頁196 讓股市的抗跌性更強　請見Adrian Cho, "Multiple Choice," *New Scientist*, January 5, 2002, 12。

科學天地 176

人生就是賽局：

透視人性、預測行為的科學

原書名：《剪刀、石頭、布：生活中的賽局理論》

Rock, Paper, Scissors
Game Theory in Everyday Life

作　　者／費雪（Len Fisher）
譯　　者／林俊宏
科學叢書顧問／林和（總策畫）、牟中原、李國偉、周成功

總 編 輯／吳佩穎
編輯顧問／林榮崧
責任編輯／畢馨云；吳育燐、林韋萱
封面設計／Z設計

出 版 者／遠見天下文化出版股份有限公司
創 辦 人／高希均、王力行
遠見・天下文化 事業群董事長／高希均
事業群發行人／CEO／王力行
天下文化社長／林天來
天下文化總經理／林芳燕
國際事務開發部兼版權中文總監／潘欣
法律顧問／理律法律事務所陳長文律師
著作權顧問／魏啟翔律師
社　　址／台北市104松江路93巷1號2樓
讀者服務專線／02-2662-0012　傳真／02-2662-0007；02-2662-0009
電子信箱／cwpc@cwgv.com.tw
直接郵撥帳號／1326703-6號 遠見天下文化出版股份有限公司

製 版 廠／東豪印刷事業有限公司
印 刷 廠／祥峰印刷事業有限公司
裝 訂 廠／台興印刷裝訂股份有限公司
登 記 證／局版台業字第2517號
總 經 銷／大和書報圖書股份有限公司 電話／（02）8990-2588
出版日期／2021年3月31日第二版第1次印行
　　　　　2023年5月3日第二版第4次印行

國家圖書館出版品預行編目資料

人生就是賽局：透視人性、預測行為的科學／
費雪（Len Fisher）；林俊宏譯.－－第二版.－－臺北
市：遠見天下文化，2021.3

　　面；　公分.－－（科學天地；176）

譯自：Rock, paper, scissors : game theory in everyday life

ISBN 978-986-525-099-7（平裝）

1. 博奕論　2. 合作

319.2　　　　　　　　　　　　　　110003498

Copyright © 2008 by Len Fisher
Complex Chinese Edition Copyright © 2009, 2021 by Commonwealth Publishing Co., Ltd.,
a division of Global Views - Commonwealth Publishing Group
This edition arranged with The Buckman Agency through Big Apple Agency, Inc., Labuan,
Malaysia. All rights reserved.

定　　價／NT380元
書　　號／BWS176
ISBN／ 978-986-525-099-7

天下文化官網 —— bookzone.cwgv.com.tw

本書如有缺頁、破損、裝訂錯誤，請寄回本公司調換。
本書僅代表作者言論，不代表本社立場。

天下文化
BELIEVE IN READING